Meeting Life

与生活相遇

［印］克里希那穆提 ——— 著　　王晓霞（Sue）——— 译

九 州 出 版 社　JIUZHOUPRESS ｜全国百佳图书出版单位

图书在版编目（CIP）数据

与生活相遇 /（印）克里希那穆提著 ；王晓霞
(Sue) 译. -- 北京 ：九州出版社，2020.9
ISBN 978-7-5108-8837-3

Ⅰ. ①与… Ⅱ. ①克… ②王… Ⅲ. ①人生哲学—通
俗读物 Ⅳ. ①B821-49

中国版本图书馆CIP数据核字（2020）第156490号

Copyright©1991 Krishnamurti Foundation Trust,Ltd

Krishnamurti Foundation Trust Ltd.,

Brockwood Park,Bramdean,Hampshire

SO24 0LQ,England

mai:info@kfoundation.org Webside：www.kfoundation.org

著作权合同登记号：图字01-2020-6586

与生活相遇

作　者	［印］克里希那穆提 著　王晓霞（Sue）译	
出版发行	九州出版社	
地　址	北京市西城区阜外大街甲 35 号（100037）	
发行电话	(010) 68992190/3/5/6	
网　址	www.jiuzhoupress.com	
电子信箱	jiuzhou@jiuzhoupress.com	
印　刷	三河市国新印刷有限公司	
开　本	880 毫米 ×1230 毫米 32 开	
印　张	8	
字　数	200 千字	
版　次	2020 年 12 月第 1 版	
印　次	2020 年 12 月第 1 次印刷	
书　号	ISBN 978-7-5108-8837-3	
定　价	48.00 元	

克氏留影（由克里希那穆提基金会提供）

美国加州欧亥山谷全景（摄影：Sue）

美国加州克氏故居的橙树（摄影：Sue）

引　言

　　本书的内容，选自《克里希那穆提信托基金会会刊》。书中的大部分篇章，首先发表在英国的克里希那穆提信托基金会的《会刊》上，有少数几篇曾首次发表在印度和美国的《会刊》上，然后又再次发表到了英国的《会刊》上。那些标有刊号的，是发表在英国《会刊》上的作品。

　　本书分为三部分。第一部分包含了由克里希那穆提口述的十六个短篇。除三篇标注有日期外，剩余的短篇都没有标注日期，因而本书是按照它们出现在《会刊》上的顺序进行排列的。这一部分还包括了由克里希那穆提写下的三篇篇幅较长的文章。

　　第二部分收录的，是克里希那穆提在讲话的结尾部分或者小规模的讨论中，对向他提出的某些问题所做的回答。由于除两篇外，其余篇章均标有日期，因此这些篇章是按时间顺序排列的，而与它们发表在《会刊》上的日期无关。

　　第三部分涵盖了克里希那穆提在瑞士、印度、英国和加利福尼亚的一些演讲。这些讲话均标有日期，故按时间顺序呈现。

目录

第三部分　演讲集

PART 01

短篇集

Short Pieces

湖

湖水很深，两岸悬崖高耸。你可以看到湖的对岸，树木茂盛，早春的新叶已萌发，似乎湖的对岸更陡峭一些，或许覆盖的植被和树林也更为浓密。那天早上，平静的湖水呈现一片蓝绿色。那是一泓美丽的湖水，天鹅、野鸭漫游其中，偶尔还会出现一艘载着游客的小船。

当你站在岸边那座精心打理的公园中，离湖水只有咫尺之遥。湖水清澈明净，它的质地、它的美，像是能渗透到你心里。你可以嗅到它的气味——软糯清香的空气，翠绿的草坪——而你感觉到自己与它是一体的，随着缓缓的水流、倒影和湖水深处的寂静而动。

奇特的是，你感受到一股强大无比的爱，不是爱什么东西或者什么人，而是感受到那可被称之为"爱"的完满。唯一重要的是探索它的深度，并非用愚蠢而渺小的心灵以及它喋喋不休的思想，而是用寂静去探索。寂静是唯一的手段或者工具，它可以领悟深受污染的心所无法捕捉的东西。

我们不知道爱是什么。我们知道它的表象——快乐、痛苦、恐惧和焦虑，等等。我们试图从表象着手去解决，这种尝试变成了黑暗中的迷途之旅。我们的日日夜夜就在其中消耗殆尽，直到死亡这个不速之客来临。

就在那里，当你站在岸边，凝视着湖水的美，人类所有的问题和习俗，人与人之间的关系，也就是社会——所有的一切都将找到它们恰当的位置，如果你能够领悟这件被称为爱的事物。

关于爱，我们说过很多。每个年轻男人都说自己爱着某个女人，教士说他爱着自己的神明，母亲说爱着她自己的孩子，当然政客也玩弄着"爱"这个词。我们真的已经毁掉了这个词，让它承载了太多毫无意义的内涵——我们自己狭隘的自我所具有的内涵。在这个狭隘的背景之下，我们试图发现另一种东西，同时又不得不痛苦地回来面对我们每日的困惑和不幸。

但是，它就在那里，在水面上，在你周围，在绿叶中，在努力吞下一大片面包的水鸭身上，在那个蹒跚而过的跛脚女人身上。它不是浪漫的认同，也不是机巧雄辩的表达。但它就在那里，像那辆汽车或那艘小船一样真切。

爱是唯一能够解答我们所有问题的答案。不，不是答案，因为那时问题将不复存在。我们有各式各样的问题，而我们试图在缺乏爱的情况下，去解决它们，但它们却因此而得以成倍增长。没有任何方法可以用来接近爱，或者抓住爱，不过，有时候，当你伫立路边或湖畔，凝视着一朵花或一棵树，或者正在耕作的农夫，如果你内心寂静，没有陷于梦幻中，没有做白日梦，也没有疲惫不堪，而是处于深沉的寂静之中，那么爱也许很快就会降临。

当爱来临，不要把它当作一种经验紧抓不放，也不要将它视若珍宝。一旦它触碰到你，你将永远不会重返过去的样子。让它，而不是你的贪婪、你的愤怒，或者你理直气壮的假社会之名的愤慨来起作用。爱真的非常狂野，非常不羁，它的美毫无文雅和体面可言。

但是，我们从来都不想得到它，因为我们有一种感觉，它似乎太过危险。我们是被驯化的动物，在我们为自己建造的牢笼中反抗着——牢笼中有无尽的抢夺和争执，有无能的政治领袖，有自负的古鲁①，或优雅或粗俗地利用着我们和他们自己。在这个牢笼中，有混乱，也有秩序，但秩序最终也将让路于混乱；而这一幕上演了无数个世纪——推翻、倒退、改变社会结构的模式，这些或许可以让某些地方告别贫穷。但是，如果你把这些当作最重要的事情，那么你就会错过另一个。

有时候，人需要独处，如果你够幸运，爱也许就会降临你身边，就在一片落叶上，或者远处空地上那棵傲然独立的孤树上。

摘自《会刊》1968 年第 1 期

---

① 古鲁：大师，在某个领域有丰富的知识并作为权威指导别人，原意指驱散黑暗的人。——译者注

对每个昨日死去

死亡，只为那些有所拥有的人而存在，为那些拥有安息地的人而存在。生命是关系和依恋中的一种运动；对这种运动的否定，即是死亡。无论是内心或者外在，都不要有庇护之所。你可以拥有一间屋子，或者一栋房子，或者一个家庭，但是不要让它变成一个藏身之处，一个借以逃避自己的地方。

你的头脑，通过培养美德，通过虔诚的信仰，通过机巧的能力或者行为，所营造出的避风港，必然会招致死亡。只要你属于这个世界，属于你所处的这个社会，你就无法避开死亡。隔壁或千里之外死去的那个人，就是你。多年来，他为自己的死去做着精心的准备，就像你一样。就像你一样，他把生活叫作一场斗争、一种苦难，或者一场精彩的演出。但是，死亡始终在那里冷眼旁观，在那里守候着。然而，每天都死去的人，可以超越死亡。

死去就是去爱。爱之美，不在对过去的缅怀中，也不在对明天的想象里。爱，既没有过去，也没有未来；有过去和未来的，是记忆，而记忆不是爱。带着激情的爱可以超越社会的范畴，而社会就是你。死去，爱就会出现在那里。

冥想，是属于未知、处于未知中的一种运动。你并不存在，只有那运动。对于这种运动来说，你太过无足轻重或者太过大而无当了。它的前前后后空无一物，它是思想——物质所无法触及的那种能量。思想是对真相的歪曲，因为它是昨天的产物；它受困于世世代代的网之中，因而是混乱的、不清晰的。你可以做你想做的任何事情，但是已知无法触及未知。冥想是已知的死去。

从寂静中，去看，去听。寂静并非声音的休止；头脑和内心无尽的喧哗，并不会在寂静中止息；寂静并不是欲望的产物和结果，它也并非由意志驱使得来。整个意识是它自己划定的疆域里一种躁动不安而又嘈杂的活动。在这个疆域里，寂静或者安宁只不过是那喋喋不休的短暂停歇，那是被时间所触及的宁静。时间就是记忆，对它来说，寂静或长或短，是可以丈量的。时间赋予寂静以空间和延续性，继而把它变成另一个玩物。但那不是寂静。思想拼凑出来的一切，都在噪音的领域之内，思想无论如何都无法让自己安静下来。思想可以勾画出寂静的模样，遵照它、膜拜它，这与它过去的做法如出一辙，它已然建造出太多诸如此类的形象。然而，它为寂静建立起的程式，正是对寂静的否定；它的诸多符号和象征，正是对真相的否定。思想自身必须静止歇下来，寂静才能发生。寂静始终是现在，而思想不是。思想，总是老旧的，它不可能进入总是崭新的寂静之中。当有思想的沾染时，崭新就会变作陈旧。从那寂静之中，去看，去交谈。那真正的无名之物从这寂静中来，此外没有别样的谦卑。傲慢者始终是傲慢的，尽管他们可以披上谦卑的外衣，而这让他们变得严苛而冷漠。但是，寂静让"爱"这个词具有了全然不同的含义。这寂静并非在别处，而是在观察者内心的噪音全然消失之处。

纯真的状态本身就可以是热情洋溢的。纯真者没有悲伤，没有痛苦，尽管他们历经沧桑。腐化心灵的，并非经验，而是留存在经验身后的——残渣、疤痕和记忆。它们累积起来，层层叠加在一起，于是悲伤诞生了。这悲伤就是时间。哪里有时间，哪里就没有纯真。激情并非诞生于悲伤。悲伤是经验，是日常生活的经验，是饱含着痛苦和转瞬即逝的快乐以及恐惧和不确定性的生活。你无法逃避经验，但是它们可以不在心壤中扎根，是这些扎下的根，带来了问题、冲突和不停的挣扎。这泥潭没有出路，除非每天对每个昨日死去才可解脱。清澈的心本身就可以激情四溢。如果没有激情，你就无法看到树叶间轻拂过的微风，或者水面上跳跃着的阳光。没有激情，也就没有爱。

看到就是行动。看到和行动之间的间隔，是能量的浪费。

只有当思想静止的时候，爱才能够存在。寂静，是思想无法制造出来的。思想只能拼凑出形象、公式和观念，但寂静，是思想永远无法触及的。思想始终是老旧的，而爱不是。

物质有机体自身拥有智慧，但智慧被追逐快乐的习惯所钝化。这些习惯破坏了身体的敏感性。敏感性的缺乏，使得心灵迟钝。这样的一颗心，或许在某些狭隘而有限的方面是机警的，但实际上依然是迟钝的。这样一颗心的深度，是可以衡量的，并且被形象和幻觉所困，而它的肤浅正是它唯一的聪明之处。一个轻巧而智慧的身体，是冥想所必需的。冥想的心灵和它的有机体之间的相互关系，是在敏感的前提下不断进行调整的过程，因为冥想需要自由。自由有它自身的纪律，自由本身之中就有关注。对漫不经心的察觉就是关注。全然的关注就是爱，爱能看见一切，而看到就是行动。

欲望和快乐终结在悲伤中，而爱没有悲伤。有悲伤的，是思想——思想赋予快感以延续性。思想滋养快感，给它力量。思想一刻不停地追逐着快乐，因而招致痛苦。思想培养的美德，是快乐的方式，而其中有着努力和成就。善，并非绽放在思想的土壤之中，而是绽放在从悲伤中解脱的自由之中。悲伤的终结，就是爱。

摘自《会刊》1969 年第 4 期

花园

　　这是一座占地几英亩的巨大花园，就坐落于一座向四周延伸的城镇的郊外。花园里有很多非常高大的树木，投下了深邃浓密的树荫。其中有罗望子树、芒果树、棕榈树，还有一些正盛开着鲜花的树。缤纷的色彩随处可见，还有一方绽放着睡莲的池塘。几株新近栽下的树苗，有朝一日将会长成参天大树。花园被破败的铁丝网包围着，有人还得不时驱赶闲逛进来的山羊，偶尔还会有一两头奶牛。

　　花园里的这栋房子很大，但是不太方便，不过从房间里可以俯瞰到一片草坪。草坪每天需要浇两次水，因为对于那些柔嫩的小草来说，阳光实在是太猛烈了。总是有各种鸟儿——鹦鹉、八哥、山雀和乌鸦来光顾，一只身上长有斑点的长尾大鸟，常常来啄食浆果；还有一只羽毛鲜亮的黄色小鸟，在树叶间倏进倏出地穿梭。

　　这座花园非常安静，但是每天早上大约四点半钟的时候，河对岸就会传来歌声和收音机震耳欲聋的喇叭声，还有断断续续的梵文唱诵声——因为这个月是节庆月。梵文的唱诵声听起来很美，但其他音乐声就相当折磨人了。有一天下午，几百码之外的贫民区，有人用留声机播放电影音乐，音量奇大无比。一直放到了晚上，到九点钟的时候，节庆活动达到了最高潮。

那里有一场政治集会，刺眼的霓虹灯闪个不停，一个政党发言人正在那里长篇大论，口若悬河。显然他是在做出最不切实际的承诺，但他就像观众一样反复无常，而那些观众会根据他们不切实际的幻想来投票。这其实就是一场持续了好几个小时的娱乐消遣。

清晨的时候，宗教音乐再次响起，你看到棕榈树上空的南十字星座在闪闪发亮，而大地一片寂静。

政客借助自身的努力为他的党派谋取权力。这种想要掌控、驱使别人并让人服从的欲望，是如此贴近人类，似乎与人类亦步亦趋。你可以从一个小孩子身上看到这些，也可以从一个所谓成熟的人身上看到——这个所谓成熟的人有着他所有的狡诈、残忍和丑陋。独裁者、教士和一家之长，无论其是男人或者女人，似乎都想要这种顺从。他们占据着权威，这权威要么是他们篡夺来的，要么是传统赋予的，要么是因为他们碰巧年长所以就有了权威。至今为止各地还在重复着这样的模式。

占有和被占有，就是向这种权力结构的屈服。从孩童时代起，通过比较和衡量，这种想拥有权力、地位和权威的欲望，就得到了鼓励和强化。从这里，就诞生了冲突，诞生了为取得成就而进行的奋斗，为了成功、为了满足而进行的努力。而备受推崇和敬仰的人，却不尊重别人。坐拥豪车的高官受到尊重，而他回过头来，会仰慕更豪华的汽车、更大的房子和更高的薪水。

在神职人员的宗教结构和神祇的等级体系之中，上演着同样的事情。革命者试图打破这个模式，但是，当独裁者身居其位时，同样的模式也再次上演。在这样的生活方式中，展现谦卑反而变成了一件丑陋无比的事情。

顺从即是暴力，而谦卑与暴力无关。一个人为什么要心存这种恐惧，心存敬意或不敬？他害怕生活及其所有的不确定性和焦虑，他害怕自己的头脑造作出的各种神明，而正是恐惧招致了强权和侵略。

心智觉察到这恐惧，但是对其无能为力，于是它建立起社会和教堂，发明出各种逃避之道，这恐惧进而从中得到滋养和维系。恐惧无法由思想战胜，因为是思想滋生了恐惧。只有当思想安静下来，恐惧才有可能终止。拥有权力的人和求胜心切的人，显然没有爱，即使他有家庭和孩子，即使他宣称自己爱着他们。

这真是一个有着深重悲伤的世界，你必须成为一个局外人才能够去爱。成为一个局外人，意味着完全独立，未被制约。

摘自《会刊》1970 年第 5 期

生活的问题

加利福尼亚州，马力布，1970 年 3 月 3 日

群山满载着孤寂。雨断断续续地下了好几天，群山闪烁着翠绿的光。它们几乎变成了蓝色，饱满的山脉也使天空变得丰富而美丽。四周寂静无声，那寂静，就像你踏在湿湿的沙滩上时细碎的声音。在大海边，除去你的内心，没有寂静可言，但是在群山中，在蜿蜒的小路上，寂静无处不在，再也听不到城市的喧嚣、车马的扰攘和海浪的轰鸣。

你总是为行动而困惑，当你看到生活的复杂之处，就更不知所措了。有太多事情需要去做，有些事情需要即刻的行动。我们周围的世界正快速地变化着——它的价值观，它的道德观，它的战争与和平。你彻底迷失在行动的紧迫性之前。可是，你总是问自己，当巨大的生活问题摆在面前时，应该怎么办。你对大部分事情——对领袖、对上师、对信仰——丧失了信心，你常常希望能够有一个明确的原则，为你点亮一条出路，或者有个权威来告诉你该怎么办。但是我们心知肚明，这些期望会破灭、会消失。我们总是得回来问自己这到底是怎么回事，我们究竟该怎么办。

就像你能观察到的那样，我们总是从一个中心——一个会收缩和扩

张的中心——出发去行动。有时候，那是一个很小的圆圈，另一些时候，它又无所不包、独一无二，并且令人极度满足。但是，它始终是一个痛苦和悲伤的中心，拥有转瞬即逝的快乐和不幸，令人喜悦或者令人痛苦的过往。我们大多数人，都有意或无意地知道这个中心，我们从这个中心行动，我们扎根其中。现在或者明天我们该做什么，这个中心总是问这样的问题，而回答又总是要由这个中心认可。无论从别人或者我们自己那里得到了回答之后，我们就开始在这个中心的局限之下去行动。这就像是被拴在木桩上的动物一样，它的活动范围取决于绳子的长度。这种行动毫无自由可言，因此始终会有痛苦、悲伤和困惑。

意识到了这一点，这个中心对自己说：我要如何才能自由，自由地生活，生活得快乐、完整、坦荡，不再带着悲伤和懊悔去行动？但问出这个问题的，依然是那个中心。那个中心就是过去。那个中心就是有其自私活动的"我"，只知道基于奖惩、成败以及动机和因果，才会采取行动。我被困在这条锁链中，这条锁链就是那个中心，就是牢笼。

有另外一种行动，当有一个空间没有中心，一个维度中没有因果时，这种行动就会发生。从这里出发，生活就是行动。这里没有中心，无论做什么都是自由的、喜悦的，没有痛苦或者快乐。这空间和自由并非努力和成就的结果，而是当中心结束时，它们就出现了。

然而，我们会问那个中心如何才能终止，我该做些什么来终止它，我需要借助怎样的训练，做出怎样的牺牲、怎样艰巨的努力？什么都不需要。只是毫无选择地看到中心的活动，不是作为一个观察者，不是作为一个反躬自省的局外人，而只是不带着审查的眼光去观察。然后你也许会说：我做不到，我总是在用过去的眼睛去看。既然觉察到是用过去的眼睛在看，那就与现实共处。不要试图对此做些什么，简单一些，无论你想做什么都只会加强那个中心，那只是你对自己想要逃避的愿望做出的反应。

这样就没有了逃避、没有了努力，也没有了绝望。然后你就会看到那个中心的全部含义，看到它巨大的危险性，而这就足够了。

摘自《会刊》1970 年第 6 期

橡树

那天早上，那棵橡树非常安静。那是树林里的一棵巨树，有着庞大的树干，枝叶高出地面很多，向各个方向伸展开去——安静、稳重、岿然不动。就像它周围的其他树木一样，它也是大地的一部分。其他的树会迎风呼啸，与风儿玩耍，每片树叶都随风舞动。橡树的小叶也会和风儿嬉戏，但是当你凝视它时，会感觉到它身上有一股浩瀚的威严和一种深沉的生命感。常春藤攀附在很多树的身上，蜿蜒直上最高的枝顶，但橡树上没有藤蔓。连松树上也有那攀爬的常青藤，如果放任藤蔓生长，可能会毁了松树。远处的那片树林里，有七八棵又高又大的红杉，它们肯定是在数个世纪之前种下的，它们被杜鹃花包围着。春天的时候，这片树林不仅仅是鸟儿、野兔、野鸡及其他小动物们的庇护所，也是喜欢到这里来的人们的圣地。你可以安坐在黄水仙和杜鹃花旁，静静地度过时光，透过浓密的树叶仰望蓝天。这是个引人入胜的地方，所有这些大树都是你的朋友，如果你想要朋友的话。

这片地方具备罕有的美、安静、隔绝喧嚣，不曾被破坏。人类通过他们的杀戮行为、他们的嘈杂和粗俗的行为肆意亵渎自然，这是多么奇怪的事情。但是这里，有红杉、橡树和春天所有的花朵，对于寂静的心，对于一颗像那些树一样稳固而坚定的心来说，这里真是一片圣地——那坚定并非来自于某种信念、某条教义，也不在奉献的决心之中，自由的心灵不需要这些东西。注视着那些树，在那个午后，它们超乎寻常地平静——因为你听不到一点机器的声音，马路很遥远，临近的房子也很安静——这里是一片纯粹的寂静。连微风也停止了，没有一片树叶在颤动。新绽的春草是一片娇嫩的绿色，你几乎都不敢碰触它们。大地、树木和注视着你的野鸡浑然一体，不可分割。它们都是生命和生活那非凡运动的一部分，其深度是思想永远无法企及的。心智可以为之编织无数的理论，围绕它建造哲学的大厦，但描述并非被描述之物。如果你静静地坐着，远离一切过去，那么你也许就能够感受到它；你不是作为一个分离的人在感受它，而是因为心灵是如此纯粹的寂静，于是有一种深刻的觉醒，其中丝毫没有观察者的分隔。

如果你漫步走得更远一些，会发现那里有一座蓄养着肥硕生猪的农场。粉红色的猪像血肉小山，发出哼哼的鼻息声，将要被卖到市场上去。他们说这是个赚钱的好行当。你经常会看到一辆卡车，顺着蜿蜒崎岖的日间小路驶来，而第二天农场就会少去很多头猪。"可我们得生活啊，"他们这样说，却忘记了大地之美。

摘自《会刊》1970 年第 8 期

自由即秩序

　　如果你居住在城市里，你也许从未经历过人迹罕至的森林所具有的那种奇特的危险。这是一片野鹿的保护区，毗邻丑陋的城市，那里有噪音、灰尘、污秽和过度拥挤的街道和房屋。极少有人来到这片树林中。你几乎碰不到任何人，除了一两个村民，他们是安静的人，没有意识到自己的重要性。他们被生计所累，离群索居；他们身形瘦削，忍饥挨饿，眼睛里饱含着痛苦。

　　这个保护区被用铁丝网连在一起的高高木桩包围着，里面的鹿，就像蛇一样胆怯。它们看到你走过来，就会悄无声息地消失在灌木丛中。里面有梅花鹿，身上充满着柔和的魅力和无限的好奇心，但它们对人类的恐惧胜过了它们的好奇心。有些梅花鹿体型相当庞大。还有黑鹿，头上的角弯弯竖起，它们甚至更害羞。栅栏那边还有一些非常温驯的鹿，它们可以让你走得很近。当然，你不能碰它们，但是它们并不真的害怕，它们会停下来看你几分钟，耳朵高高竖起，短尾巴摆来摆去。围栏里面的那些鹿，夜晚会聚集到一小片草地上，那时你也许能看到有一百头左右。在这片树林里，人类禁止猎杀任何动物，包括鸟和蛇，当然还有鹿。

你很少能见到蛇，但实际上那里有很多蛇——既有危险性极高的，也有无毒的。有一天，当我们走在蚂蚁建造的一个小土丘上时，我们看到了一条蛇。我们走上前去，离它非常近，或许只有几英尺远。那是一条很大很长的蛇，它的身子在夜光下闪闪发亮，黑色的信子咝咝地吐着。有些路过的劳工说那是条眼镜蛇，我们应该远离它。

我们在这个保护区待的第一个晚上，就非常强烈地感受到了丛林那奇特的危险。太阳落山了，丛林里一片漆黑。你感觉到那危险包裹着你，跟随你走在小路上。但是，到了第二天、第三天的时候，你在那里就相当受欢迎了。

心智健全者无须戒律；只有失衡者才需要约束，需要抗拒，只有他们会被诱惑。心智健全的人能觉察到自己的欲望、自己的渴求，诱惑甚至都不会发生在他们身上。健康的人是强壮的，他们甚至都不知道这一点。只有脆弱者才知道自己的脆弱之处，因而诱惑和对诱惑的抗拒接踵而至。如果你圆睁双眼——不只是心眼，还有肉眼——那么就不会存在诱惑。漫不经心者深陷在自己的漫不经心所滋生的问题之中。这并不意味着心智健全的人和健康的人没有欲望，但对他们来说，这不是问题。只有当欲望被思想变成了快感，问题才会产生。

人建造起抵抗的围墙，抗拒的正是对快乐的追求，因为他知道，对快乐的追求之中隐含着痛苦，又抑或是环境和文化将对持续快乐的恐惧植入了他的心中。

任何形式的抵抗，都是暴力，而我们的整个生活，都基于这种抵抗。于是，抗拒变成了律条。就像诸多其他的词语一样，"纪律"这个词负载沉重，不同的家庭、社团和文化，都对它有不同的诠释。纪律意味着学习，而学习的含义不是训练、模仿和遵从。对关系中的行为举止方式进行了解和学习，便是自由地观察你自己和你的行为。

但是，如果背弃了自由，就不可能如实地看到自己。所以，若要了解和学习任何事物，了解鹿、了解蛇、了解你自己，自由是必需的。

军事训练与对教士的遵从，并无不同，服从是对自由的抗拒。奇怪的是，我们无法挣脱并超越压迫、控制、服从，也没有超越书本的权威这类狭隘的领域。因为在这一切之中，心灵永远无法盛放。在恐惧的黑暗之中，哪有什么东西能够盛放？

然而，你必须拥有秩序；但是，诸如戒律和训练此类的秩序，是爱的死去。你必须守时，必须心怀体贴。但这种体贴如果是被迫而为，那么它就会变得肤浅，变成一种形式上的客套。秩序无法在顺从中找到。当懂得了顺从的混乱所在，就会有一种绝对的秩序，就像数学中的秩序那样。并不是先有秩序，然后再有自由，而是自由就是秩序。

想变得无欲无求，会导致失序。但是，如果了解了欲望以及快乐，就会变得有序。

当然，在这一切之中，有一样东西的确可以带来精准的秩序——无须借助擅长安排、遵从和坚持的意志——那就是爱。如果没有爱，建立起来的秩序就是混乱。

你无法培养爱，所以你也无法培养秩序。你无法把一个人训练得有爱。攻击就产生于这种训练和恐惧。

那么你该怎么办？你看到了这一切；你看到人与人之间无尽的伤害。你没有看到，否定是怎样非同寻常的肯定；否定了谬误就意味着真理。

并不是用否定来代替真理——而是否定的行为本身就是真理。看到就是行动，而你无须再做些什么。

摘自《会刊》1974 年第 10 期

智慧与即时行动

　　这天清晨，时间还很早，山谷里充满了寂静。太阳躲在山后还没有升起，积雪的峰顶一片黑暗。连日来艳阳高照，阳光猛烈，天气有点热。这样的天气不会持续太久，但是今天早上天空依然很蓝，阳光开始浸染雪峰，而西方的天空中有些乌云。空气清净无染。在那样的海拔之下，群山显得近在咫尺。它们淡然独立，你有一种奇特的感觉，感觉它们很近，却又与你隔着广袤的距离。当你凝望它们，你可以感知到大地的绵长悠久与你自己的短暂渺小。你会逝去，而它们依然如故——群山、丘陵、绿油油的田地，还有河流。它们会一直在那里，而你将会带着你的忧虑、你的不满和悲伤逝去。

　　正是这短暂无常，让人类一直在寻找山那边的某种东西，赋予它永恒、神性和美，他自己身上没有的这些品质。但是，这并没有解决他的痛苦，也没有减轻他的悲伤和不幸。正相反，这为他的暴力和残忍赋予了新的生命。他的神明、他的乌托邦、他对国家的崇拜并没有结束他的苦难。

　　冷杉树上的喜鹊，看到一只小老鼠正急急穿过马路，一眨眼的工夫，小老鼠就被抓走了。空气中只有远远传来的一声牛铃，还有冲下山谷的溪流的水声，但是渐渐地，宁静的清晨就消失在卡车的噪声和马路对面传来的敲打声中了，那里正在建造一所新房子。

个体性究竟是否存在？抑或，只存在受各种形式制约的集体大众？毕竟，所谓的个人就是世界，就是文化，就是社会和经济环境。他就是世界，世界就是他；当他将自己与世界分开，去追求他特别的才能、野心、喜好和快乐时，所有的伤害和苦难就都开始上演了。我们似乎并没有深切地意识到我们就是世界，事实上，不仅仅是在最显而易见的层面，而且在我们存在的核心之处，我们就是世界。在发挥某项特殊才能的过程中，我们似乎认为我们是在表达作为个体的自己，抵抗任何形式的侵蚀，坚持要发挥自己的才能。而使我们成为个体的，并不是才能、快乐或者意志。无论人有着怎样的一点小小才华、意志以及快乐的驱动力，都是这个世界的整体结构的一部分。

我们不仅仅是文化的奴隶，我们就在其中被抚养长大；我们还是整个人类深重的苦难和悲伤阴云的奴隶，是人类巨大的混乱、暴力和残忍的奴隶。我们似乎从未注意到人类累积起来的沉重悲伤，我们也没有意识到世世代代积攒起来的可怕暴力。我们关注的，仅仅是有着不公、战争和贫穷的社会结构的外部改变或者革新，但我们试图加以改变的方式，要么是借助暴力，要么是通过缓慢的立法程序。与此同时，贫穷、战争和饥馑一如既往地存在着，人与人之间依然互相伤害。我们似乎完全忽视了人类无数个世纪累积起来的庞大阴云——悲伤、暴力、仇恨，以及人为制造的宗教和种族之间的分别。这一切就在那里，就像外部社会结构的存在一样，那么真实、那么重要、那么印象深刻。我们忽视了这些隐藏的积累，只专注于外部的改革。这种区分，或许就是人类衰退的最主要原因。

重要的是，要把生活当作一个整体来看待，不是将其二分为内外，而是作为一个不可分割的整体运动来看待。这样，行动就有了截然不同的意义，因为此时的行动不再是局部的。正是破碎的、局部的行动在增加苦难的阴云。善并非恶的反面，善与恶毫无关联，也无法通过追求而获得。只有当苦难不在时，善才能绽放。

那么，人要如何才能让自己摆脱混乱、暴力和悲伤？当然不是通过运用意志力以及与意志力有关的要素，也不是借助决心、抵抗和斗争。洞察或者领悟这些，就是智慧。正是智慧驱散了所有悲伤、暴力和斗争的混合体。这就像看到了危险，这时会有即时的行动——不是意志力的行动，那是思想的产物，而思想不是智慧。智慧可以运用思想，但是当思想试图捕捉智慧为己所用时，就会变得狡诈、有害和具破坏性。

因此，智慧既不是你的，也不是我的。它并不属于政客、上师或者救世主。智慧无法衡量，它是一种真正彻底空无的状态。

摘自《会刊》1971 年第 11 期

河

荷兰，阿姆斯特丹，1968 年 5 月

河流到这里，变得格外宽阔，深邃而又清净。上游高处是那座非常古老的城市，或许是世界上最古老的城市之一。它大约在一英里开外，市镇里所有的污秽似乎都已被河水涤荡一清，因而这里的河水很干净，水流中央处尤其清澈。河的这一岸，有很多建筑物，并不显得特别漂亮，而河对岸是一片新近播种下的冬小麦，因为雨季的时候河水会上涨二三十英尺，所以两岸的土地都很肥沃——河岸远处是村庄、树木和种有小麦与一种营养丰富的谷物的田地。

那是美丽的乡间，开阔、平坦，绵延至天际。特别的是，那些树——罗望子树、芒果树非常古老。傍晚，正当太阳落山的时候，大地上会突然笼罩着一种非凡的宁和感——那是一种至福，你在任何教堂或寺庙中都找不到。

在河岸的这一边，有四个托钵僧，他们都在兜售着他们的小商品——神明。他们大声喊叫，每个人身边都围了一群人。但叫喊得最多最卖力的那一个吸引的人最多，他重复着梵文的词句，浑身挂满珠子和标明他职业的其他象征，很快，你看到其他的僧人都悄悄地溜走了，只剩下他，他的神明、唱诵和念珠串。

想象和浪漫主义，与爱相违，因为爱本自永恒。人们借助各种神明、观念和希望，寻找某种不被时间所围限的东西。新生婴儿的降临，并不意味着某种永恒。生命来来去去，世上有死亡，有苦难，有人类造成的各种伤害，这场变化、腐朽和新生的运动，依然在时间的循环之内。

时间是思想，而思想是过去的产物。具有延续性的东西——产生果的因和变成因的果——是这种时间运动的一部分。人类困在时间的陷阱内，极尽所能地利用各种浪漫的想法和想象，来搭建他称之为永恒的赝品。从中就产生了伴随着欢愉而来的想要不朽的欲望，他希望通过头脑构建出的形象，去经历一种不灭的状态。

各种宗教提供了一种虚幻的真实。最真诚的人觉察到这一切，觉察到虚假带来的伤害。有一种状态，不是想象，也不是浪漫的幻想，它与时间无关，也不是思想和经验的产物。而若要遇上它，我们视若珍宝的所有"假币"，都必须被抛弃——深深地埋入别人再也无法找到的地方。因为别人以为，他必须经历你所抛弃的那些东西。若是被别人发现，就会出现模仿，如同制造假币。抛弃"假币"，无须任何努力，无须坚强的意志，也不需要被更伟大的东西所吸引。你就这样简简单单地将它们抛弃，因为你看到了它们的无益、它们的危险、它们固有的令人生厌的含义和粗俗。

心无法制造出被称为永恒的事物——就像它无法培育爱。永恒也无法被一颗追求永恒的心所发现，而不追求永恒的心，是一颗浪费的心。心是一股水流，中央很深，周边很浅——就像一条大河，中央水流湍急，而岸边的水面平静无澜。

但深深的水流下面是厚重的记忆，这记忆持续地流动着，穿过城市、变得污浊，然后再变得清澈。这股记忆的洪流带来力量、动力、进取和完善。正是这深沉的记忆知道自己是过去的灰烬，必须终结的也正是这种记忆。

没有任何方法来终结记忆，也无法用钱买来一种崭新的状态。对这一切的领悟才是对其的终结。只有当这巨大的洪流终结之时，才会有崭新的开始。词语并非真相；语言的量度是对真实的背弃。

摘自《会刊》1971 年至 1972 年第 12 期

何为关系？

机场广播说，由于有雾，飞机还没有离开米兰，请我们所有人耐心地等待一个小时或者更久。我们就这样等着。我们都打算前往罗马，候机室里有一大群人，有看起来非常精明的，有长发的，有短发的；一个男孩用胳膊搂着一个女孩，完全忘了他人的存在；另一个男孩抱着吉他开始弹奏起来。有些人在吸烟，还有很多人在喝酒。房间里很热，有一股廉价香水的刺鼻气息。

关系是什么？那男孩和女孩之间，那个精明的女人和她的丈夫之间，那个年长女人和她一脸无聊并将被带往国外参观意大利古城的儿子之间，有着怎样的关系？如果有人野心勃勃，自己沉浸在那野心之中，完全地以自我为中心，那么，男人和女人之间，或者任何人之间怎么可能有关系存在呢？全部行动都围绕着"我"和"你"的那些人，你可以看到他们脸上的冷酷严厉。也许会有身体上的接触，但所有的关系，无论是肤浅的，还是所谓深刻的关系，或许都停留在了表面上。如果你心存怀疑，如果你以为自己永远正确，从不承认有犯错的感觉，那么，你怎么可能与别人有关系？有人总带着种族优越感，或者想象自己很重要，他与别人的关系除了身体上或者表面上的接触，还能有什么？两个神经质的人，住在同一栋房子里，以夫妻相称，他们之间怎么可能有任何形式的关系呢？有很多夫妇似乎在一起很幸福，经历了困难、悲伤和痛苦，还有无数懊悔和挫折后反而更亲近——你会说他们的关系很幸福，无论是身体上的，还是其他方面的。但是，如果"我"无比重要，如果一个人嫉妒又傲慢，而另一个人顺从的话，那么，他们之间怎么可能有任何关系呢？显然，有这些东西在，良好的关系就不可能存在。

确实也有人完全被对方吸引着，他们一起做事情，没有什么其他的兴趣爱好，很满足地生活在同一个房间里，不在外面度过哪怕一个夜晚。这样的关系或许极不寻常，但良好的关系并非生活的全部；生活包含着更多的内容，远不止快乐的关系这种自我满足的活动。只有当野心、怀疑、竞争和占有感，以及随之而来的所有痛苦、愤怒和沮丧全然消失时，才可能与别人建立真正的关系。

这样的关系非常珍稀，但是如果没有这珍稀之物，生活就陷入了琐碎之中。生活包含了死亡、爱和对快乐的了解，此外还有远远超越这一切的东西。分析家的"真理"，或为宗教人士所热衷的神话，显然与真相毫无关系。如果不遇上那真相，无论你拥有怎样良好的关系，那关系必定依然是肤浅的、偶然的，或者只是顺从和抗拒。如果没有对真实之美的感受，关系就不可避免地会变成一个日益狭隘的过程。

但是，候机室里的人们，神情倦怠，恼怒于航班的延误，除了他们已有的关系之外，并不想要其他任何形式的关系。

有个知名作家来与我们对话，随意闲聊之外，我们开始谈到一些严肃的事情，谈到人类的苦难和宗教中那些不可思议的神话，以及数个世纪以来人类所受的剥削，即人类被他称为"真理"或者"神"的概念所剥削，还谈到各种政治派别的划分，而那个作家是个共产主义者，坚称那才是唯一的解决途径。我们问他，苦难、爱之中的嫉妒、占有欲以及对权力、地位的追逐所带来的冲突，能否由一条政治格言来解决？"噢！"他说，"我不痛苦，是他们痛苦；这就是爱，这样的冲突、嫉妒、对抗和恐惧——没有这些，爱就不存在。"

就在这时，大喇叭里传来声音说我们要登机了。我们很快就攀升到三万英尺之上，我们身下是勃朗峰，很快地，又飞过了热那亚、佛罗伦萨和蓝色地中海蜿蜒的海岸线。这是个美丽的日子，天空晴朗，无所不在的明媚光辉熠熠闪耀。

摘自《会刊》1972 年第 13 期

平庸的心

加利福尼亚州，马力布，1971 年 12 月

雨一连下了数日，是场持续不断的倾盆大雨，劲风从东北方吹来。但是今天早上，天气极其晴朗——蓝天，暖阳，大海一片蔚蓝。

坐在车里，经过一片购物区，你看到所有的商店里都塞满了如此之多的东西，看到忙进忙出的人们，购买各种各样的货品。在西方世界，这是一个重大的节日，人们的喧嚷、忙乱和喋喋不休似乎遍布在空气之中，商店里的每个人看上去都在贪婪地抢购东西。

看着这一切——湛美的蓝天、平静的海面，还有满怀贪婪和焦虑的人们，你不禁怀疑，这一切的终点在哪里？你会问，世界为什么会变成这样，极尽资产阶级式的虚荣浮华，如果可以使用资产阶级这个词的话。我不知道你如何诠释"bourgeois"这个词——它对你来说意味着什么。你要么给它一个非常肤浅的含义，然后把它抛在一旁，要么来深入地检视一下这个词具有怎样的内涵。为什么这种狭隘、局限和卑劣的观念会占据主导，并且似乎征服了世界上其他所有的想法、感受和行为？bourgeois 是什么？我很谨慎地使用这个词，因为它拥有太浓厚的政

治意味，有太多人轻蔑地使用这个词了。而在这种蔑视之中，又让人感觉他们就是其中的一分子。所以，弄清楚成为资产阶级意味着什么，会是非常有趣的事情。显然，对资产阶级分子来说，财产、金钱和自身的利益非常重要，尽管他也许并不拥有房产，没有很多钱或者也不执著于这些东西。世界上有很多这样的人，在宗教领域、艺术家和知识分子的世界里，利己主义也始终存在。所以，这种利己主义也许就是成为资产阶级的关键因素。同样，"利己主义"（self—interest）这个说法也很难定义。它拥有如此之多微妙的内涵——这个词有太多的解释方式了。但是，如果你审视它，更深入地去探索它，就会发现，利己主义，无论其含义多么宽泛，无论它延伸到多少个领域之中，它都拥有一种日益狭隘的性质，会产生一种收缩性的活动，一种会带来局限和约束的行为。宗教人士、僧侣、托钵僧，也许抛弃了世俗的那些东西——财产、金钱、地位甚至是名望——但是，他的利己主义只不过是转移到了一个更高的层面上。他将自己与救世主、古鲁和信仰认同为一体。而正是这种认同，这种将他的所有思想和感情投入到一尊塑像、一幅画像，或者某种神秘希望之中的努力，构成了利己主义。所以，你会知道，哪里有利己主义，哪里就会有民族主义的根源，就有区分人群、种族和国家的根源。这种利己主义使心灵日益狭隘，进而失去了灵活性和快速、敏锐的行动。技师在技术领域拥有快速的适应能力；他可以从一种技术转换到另一种技术，从一个行业进入另一个行业，甚至可以改变信仰和国籍，但是，心灵有限的适应性和灵活性无法带来自由。一个专注于某种特定信仰或者意识形态的人，怎么可能拥有一颗无限柔韧的头脑和心灵，就像易弯却从不会折断的小草叶片一样柔韧？因此，资产阶级是被财产、金钱和利己主义所羁绊的人。你可以问问你的妻子或者朋友，你的关系中是否存在利己主义。如果你想让对方符合你对他们抱有的形象，那就是利己主义。但是，不抱有形象，却能指出某些物理和心理事实，那就不是利己主义。

想想这一切——一边是广袤的蓝天，大海和天空在地平线处交汇出一条奇妙的笔直长线；一边是人们为了庆祝节日所进行的忙乱采购，在节日里砍杀树木、残杀鸟儿和动物，还有吸烟、饮酒、调情，驾着或昂贵或廉价的小汽车——问问你自己，你是个资产阶级吗？你也许是个艺术家、政客或者商人，抑或是从事着卑微工作的普通人，或者是在厨房里、办公室里工作着的女人——无论你是谁，如果在你与别人的关系之中，在你担任的职务中，或者在某种信仰和意识形态之中，有任何形式的利己主义——那么，你必然拥有一个狭隘、琐碎、渺小的心灵。你也许工作出色，你也许慷慨助人，或者有着所谓的幸福婚姻；你也许会谈论爱，你也许爱着自己的妻子、孩子或者朋友，但是，如果有一丝这种破坏性的利己主义，就会有平庸的烙印，而正是这平庸赋予了财产、地位、金钱和权力以无比的重要性。这颗琐碎渺小的心，无法超越它在自己周围建造起来的围墙和藩篱。

然后，你坐在车里等人，暖阳照在你的脸上，也照在路人的脸上，你看着那些人，想知道人类到底是怎么了。年轻人像老年人一样落入窠臼之中。风气改变，窠臼也跟着改变。但是，陷入任何传统、任何制约之中，并不能赋予心灵以灵活性这一奇特的品质。同样，那个词也需要解释。心灵，或者说意识，可以装载丰富的知识、经验、痛苦或者巨大的喜悦。快乐无助于心灵的柔韧性，而喜悦可以。但是对喜悦的追求，或者对愉快的追逐，如果变成快乐，会妨碍一切形式的自由、敏捷与灵活。正如我们所说，心可以从技术到技术、从工作到工作、从行动到行动、从此信仰到彼理念不断地进行转换，但这并不是真正的灵活性。只要心灵被绑缚在任何观点、任何经验、任何知识上，它就无法走远。而意识的内容构成了意识，正是这内容本身妨碍了自由、敏捷和非凡的运动感。意识的内容变成了利己主义。那内容，也许是你赋予一件家具、某种技术、信念或者经验以重要性：那经验、那知识、那事件变成了利己主义的中心。清空意识的全部内容，就是在洞察和行动中实现整体的运作。

摘自《会刊》1972 年第 14 期

孑然独立

　　冥想是孑然独立的行动，完全不同于离群索居。"我"、自己、自我的结构本身，正是通过专注、通过各种形式或各种方法的冥想、通过日常的分离行为来隔绝自己。而孑然独立并非从世界中退隐。人类世界是群居的，是权势、舆论、传统价值交织形成的关系。冥想是思想的娱乐消遣，是自我所热衷的活动。这不可避免地会导致孤独和自我隔绝的痛苦。

　　只有当心灵身处社会的影响之外，当内心拥有从社会的混乱中解脱出来的自由，才有可能孑然独立。这自由就是美德，而美德始终是独立存在的；社会的道德是混乱的延续。冥想是对混乱的超越，而非由各种视像所带来的个人欢愉和经验的扩展。这些经验必然导致孤立隔绝。

　　爱没有分裂性，正如爱无法培养，孑然独立也不是思想的产物。当摆脱了思想的所有活动，它就会像日出一样自然地来临。

　　夕阳的余晖洒在柔嫩的新草上，每个叶片都绽放着光彩。春天的新叶就在你的头顶上。它们是如此娇嫩，当你碰触它们的时候，你都感觉不到它们的存在；它们是如此柔弱，一个路过的孩子都可能将它们碰破。树顶之上是蔚蓝的天空，青鸟在歌唱。运河里的水面波平如镜，你都无法清楚地分辨哪个是倒影，哪个是真实的事物。那里有一个野鸭的窝，窝里的蛋至少有六七个，鸭妈妈用干树叶十分精心地将它们掩盖起来。你回来的时候看见她正坐在那些蛋上，一副那些蛋并不存在的样子。当你沿着那条运河走得更远一些，在长满了迷人新叶的高大山毛榉树林中，会发现另一只野鸭，她身边围绕着十二只或者更多的小鸭。这些小鸭也许是那天早上才孵化出来的，它们中的一些也许会在晚上被田鼠吃掉，当你第二天回来看时，会发现少了几只。孵蛋的那只鸭子还在那里。这是个美丽的傍晚，充满了奇异的壮丽，那是春天的心跳。你思绪全无地站在那里，感受着每一棵树和每一片草叶，听到满载着人们的巴士从旁边经过。

毕竟，哪怕是身体上的独处，也在变得越来越难以实现。大多数人并不想独自一人，他们害怕独自一人。他们被各种事务所占据，他们也希望被占据，从醒来的那一刻一直到上床睡觉的那一刻——即使睡着了，他们也被梦境萦绕着。而那些独自生活的人，生活在山洞里，或者像僧侣那样住在自己的小房间里，他们从来都不是孑然独立的，因为他们和自己的意象、思想，还有承诺他们日后能够有所成就的训练生活在一起。他们从来都不是孑然独立的，他们脑中装满了知识，充满了山洞或者小房间的黑暗。

人必须成为一个真正的局外人，不属于任何事物或者任何人。但你无法为自己冲出一条路来，因为那样的话，你就依然有所归属。冲出一条路这个行为本身，正是让社会运转的活动。因此并没有置身世外与置身世内之分，一旦你发现自己置身其外，你就已经身处其中了。所以，你必须对社会死去，这样新生活才能开始，而此时你并不知道新生活是什么。新生活并非一种经验；知道新生活是什么，你就会变得陈旧。因此，尽管你生活在社会之中，但仍孑然独立地前行。

摘自《会刊》1974 年第 21 期

水罐，永远不能装满

冥想，就像带着一个始终空着的水罐来到一口井边，而那口井里有取之不尽用之不竭的水源。水罐永远装不满水。重要的是喝到水，而不是水罐有多满。水罐必须被打破，才能喝到水。水罐就是不停在追寻的那个中心——因此它永远都找不到。

若去追寻，你就背弃了近在眼前的真理。你的双眼必须看到最近的东西；看到它，是一种无止境的运动。有所追寻的人，会投射出他所追寻的事物，因此他生活在幻象中，总是在他自己阴影的局限之内奋力以求。若不去追寻，你就会发现，这发现并非发生在未来——它就在那里，在你的眼光未曾看到的地方。这看，始终发生在此刻，生活的一切和所有的行动都从那里诞生。冥想就是这行动的祝福。

追寻是从中心发出的个人驱动力——想要有所获得、有所归属、有所掌控。探究之中有一种从一开始就存在的自由；而看，是从昨日的重负之下解脱。

摘自《会刊》1974 年第 22 期

谦卑的品质

简朴的核心是谦卑；若要懂得谦卑，就要摒弃对它的所有认识。你只能知道傲慢，你可以意识到傲慢，但你无法意识到谦卑。僧侣或者圣徒的简朴或苦行，是想成为什么的严苛行为，因而那种简朴是个错觉。这种严苛具有暴力、模仿和顺从的性质，其中没有那无名之物。僧侣和圣徒也许会赋予其别样的名称，但那名头只是用来掩盖冲突创伤的外衣。而在这个方面，我们每一个人都如出一辙，因为我们都是理想主义者。我们知道傲慢，但我们无法知道谦卑。我们的谦卑，是傲慢的反面，而所有的对立面里都包含着对方。"想变成什么"的行为，无论多么隐秘、多么不可名状，都永远无法具备谦卑这一品质。谦卑没有对立面，只有那些拥有对立面的事物才能知道对方。

若要摒弃傲慢，需要对谦卑一无所知。对已知死去，是对未知的肯定。你可以充分知晓已知的全部内涵，有意识地、故意地对已知死去，但对未知依然一无所知。就像你无法知道谦卑一样，你也无法了解未知。在"想变成什么"的领域内，只有从已知到已知的活动；当我们对此死去，另一些东西就会新生；而这是局限在已知、记忆、经验和知识范围内的心灵所无法理解的。那"新生"并非"变成什么"的终结。如果它被认出是一种"新生"，那么它就依然是"变成什么"的一部分，其中会有努力、挣扎、困惑和痛苦。

冥想不是抛给自己一个无解的问题，然后强迫自己保持安静。一颗茫然不知所措的心，显然已经变得不敏感，反应迟钝，因而无法看到任何崭新的东西。而崭新者并非陈旧者的反面。

冥想是对"变成什么"和"新生"这整个过程的揭示——否定了变成什么，才能新生。这一切，一颗冥想的心只需一瞥即可看到，而这一瞥根本不需要时间。看到真理，并非一个与时间有关的问题；你要么看到，要么没有看到。没有能力看到，并不能变成有能力看到。

所以，否定是冥想的活动，没有任何方法、任何途径、任何体系，能够带领一颗喋喋不休而肤浅的心到达至高的福祉。即刻看到这一点，就是真理，它能将肤浅的心灵从自己的局限中解放出来。

而谦卑始终就在一开始——但它既无始也无终，这就是无法衡量的至福。

摘自《会刊》1974 年至 1975 年第 24 期

冥想与爱

冥想的全部意义在于,不追随思想铺就的任何道路,可以通往它所谓的真理、觉悟和真相的路。事实上,没有任何道路通往真理。追随任何一条道路,都只能通往思想已然构造出的东西,无论那是多么令人愉悦或满意的事物,都不是真理。如果认为有某个冥想体系,坚持在日常生活中的某些特定时段练习这个体系,或在一天中不断地重复,就会带来清晰或者领悟,这种想法大错特错。冥想超越这一切,它就像爱一样,无法由思想培育。只要存在思想者的冥想,冥想就只不过是自我隔绝的一部分,而自我隔绝正是人们在每日生活中所进行的普遍活动。

爱就是冥想。爱不是记忆,不是思想作为快乐维系的意象,也不是感官享受建立起来的浪漫图景;它是某种超越一切感觉、超越生活中各种经济和社会压力的东西。这种爱没有扎根于昨天,对它的即刻领悟,就是冥想;因为爱就是真理,而冥想是发现真理之美的过程。思想无法发现这些,它永远都不能说:"我发现了"或者"我已经捕捉到了那来自极乐境界的爱"。

摘自《会刊》1976 年第 29 期

冥想与体验

　　冥想中存在新的体验吗？对体验，对超越日常或平庸经验之上的更高层次体验的渴望，正是让生命泉井干涸的原因。渴望更多的体验、更多的愿景、更高层次的洞察，渴望这样或那样的领悟，使得心向外看，这与心对环境和人们的依赖并无二致。冥想的奇特之处在于，发生的事情并不会被变成经验。冥想就在那里，像天空中的一颗新星，没有记忆去接管它或掌控它，也没有喜欢与不喜欢这样习惯性的识别和反应过程。我们的探索始终在向外走，寻求任何经验的心都是向外的。而向内看根本不是一种求索，那是觉知。反应始终是重复性的，因为它始终来自于同一座记忆的仓库。

摘自《会刊》1977 年第 31 期

致一位年轻人

他是一个年轻人，刚刚结婚。他说他的工作不是太好，但所赚的钱也足够让他和妻子维持生活了。他大学毕业，有一颗还算聪明的头脑，并属于某个古老的社团，对那些社团成员来说，宗教生活远远比世俗的生活方式重要得多。

"我的教育，"他继续说，"让我的心变得相当迟钝。它培养了我的记忆，除此之外，什么都没有。我拿到了几个学位，但是所有那些东西，都让我在某种程度上变得空虚和乏味。我似乎正在失去所有的感受、所有的关怀，落入常规之中；我发现我的性行为也变成了同一种模式中的一部分。我不知道该怎么办。那天听了你的讲话之后，我想，与你探讨某些事情，或许就可以将我自己从工作和日常习惯的重负之下解放出来。因为我还非常年轻，所以我可以换工作，但是我知道，无论那份工作多么有趣，它很快就会变成例行公事。我妻子曾和我探讨过这些。今天早上她来不了了，所以我说的这些话也代表了她。"他的笑容很优雅，社会对他的破坏还不是很严重。

例行公事和习惯是我们每天的生活。有些人意识到了他们的习惯，而另一些人没有。如果你觉察到那些习惯——手或者大脑的重复性活动——你就能够相对容易地结束它们。但是，其中最重要的是，了解习惯形成的机制——这种了解并非是智力上的，是习惯的形成逐渐破坏了或者钝化了所有的感受。这种机械的生活方式严重缺乏生气，就像传统一样，是我们所继承的遗产的一部分。我们不想被打扰，而正是这种缺乏生气导致了例行公事。我们一旦学到了什么，就会根据我们已知的东西来运作，在我们已知的内容上添枝加叶或者修修补补。

对变化的恐惧巩固了习惯，不仅仅是身体上，而且也强化了脑细胞本身的习惯。所以，当我们一旦陷入既定的惯例，就会像有轨电车一样，沿着自己的轨道不停前进。在所有的关系中，我们认为事情都是理所当然的，而这就是导致不敏感的主要因素之一。所以习惯成自然。然后我们说：为什么要关注每天都做的这些事情呢？漫不经心培养了习惯，继而我们深陷其中。然后问题就来了：我们要如何摆脱习惯？于是，冲突产生了。就这样，冲突就变成了我们的生活方式，而我们却这么自然地接受了它！

所以，当你看到这一切——习惯运作的所有方式，也就是根据既定的回忆来运作，从那记忆中行动——当你觉察到这些，你就会懂得快乐的运作方式。因为毕竟我们内心深处渴望的是快乐，我们所有的价值观都以此为基础。快乐是持续作用的因素，为了它，我们愿意牺牲，我们奋力维护，我们愿意为了它变得暴力，等等。但是，如果我们观察快乐，我们很快就会发现，它也变成了一种习惯，而当快乐的习惯被拒绝，就会有不适感、痛苦和悲伤。而为了避免这些，我们又落入了另一个快乐的陷阱。你会对美或丑习以为常，对一棵树的美或者路面的肮脏习以为常。我们在房间里挂上一幅画，经常欣赏它，很快它就变成了一件寻常之物。又或者，就像某些人那样，我们换一幅画挂上，希望借此保持视觉上的新鲜感。这只不过是为了克服不敏感而施行的另一个伎俩。

这就是我们所接受的生活方式。这就是从早到晚发生在我们身上的事情，连整个夜里也都是如此。所以，整个意识在某种意义上都是机械的，是快乐和痛苦的疆界之内一连串不停的活动和行为。为了跨越这些限制，人类尝试了许多不同的方式。但是，很快一切就会回归到单调的习惯和快乐之中；而如果你精力充沛，从外表上看，你就会变得非常活跃。那么，这其中的全部重点就在于看到——真正地看到，从非语言的层面上看到——实际上正在发生着什么。从非语言的层面上看到，意味着没有观察者的看，因为观察者是习惯和矛盾的核心，也就是记忆。所以，看永远不会是习惯性的，因为看不积累。当你从积累中去看时，你就是在通过习惯去看。所以，看是没有习惯的行动。

毕竟，爱不是习惯——而快乐是。所以看的行动，是唯一自然的事情；看到大自然在我们身上遗传下来的动物性，也就是暴力、攻击性和竞争性。如果你能够懂得这一件事情，也是真正最重要的事情——看的行动——那么，就不会积累成为"我"和"我的"，也就根本不会形成习惯，完全不会有习惯所带来的例行公事和枯燥乏味。所以，看到实情，就是爱。

摘自《会刊》1979 年第 36 期

爱不是思想

瑞士，格施塔德，1981 年 8 月 3 日

山谷自东向西延伸开去，东段渐行渐窄，并入一座六千英尺高的高山峡谷之中，朝阳正从山上升起，投下幽深的长影和无边的寂静。有一棵古老的橡树，几百岁了，正沐浴在晨曦之中，身披金光，岿然不动。最高处的树叶似乎屏住气息，沉浸在这片寂静里。晨鸽发出它独特、悠长而轻柔的咕咕声，来回应它的伴侣。新的一天已经来临。大角猫头鹰停止了它的呼叫，这时初春破晓的阳光开始勾画出群山连绵的轮廓，描绘出被树木覆盖的丘陵长长的边界线。在太阳升起之前，广阔的寂静似乎笼罩着大地。大地多美啊，在广袤无垠之中彰显其永恒。这是我们的地球，是我们的，而不是任何一个组织、团体或者国家的。它属于我们，属于我们每一个人。

这条公路修得很好，平整、宽阔，盘山路没有太多急弯，行经绵延数英里精心打理的橙树果园和望不到边的鳄梨树林，这些果园沿小峡谷下行，又攀上了整片山坡，全都有水源灌溉和人工照料。山谷里弥漫着橙花和鳄梨的香气。公路穿过制高点，也许有五千英尺高，然后缓缓地

下降，延伸到沙漠之中。车在公路的最高点停了下来。南方高耸的广阔群山被树丛和灌木、紫色和黄色的花朵覆盖着；北方的山则显得光秃秃，山石嶙峋，广袤无垠，一直延伸到地平线，每块山石似乎都存在了千年之久，却依然完好无损。这里是一片广袤的空间和无边无际的寂静。

孤独是一回事，而孑然独立是另一回事。孤独是隔离，是一种逃避，是一件有害无益的事情；而孑然独立，没有生活的重负，反而有着时间、思想所从未有过的全然自由，这样的独立就是与宇宙同在。孤独中有绝望的寂寞，有一种被抛弃的感觉和迷失，有得到某种关系的渴望，就像在大海中迷路的船只。我们所有的日常行为都会导致这种隔绝，它带来了无尽的冲突和苦难，鲜有喜悦之光照射进来。这种隔绝是腐败，表现在政治和商业中，当然还有组织化的宗教之中。腐败存在于高处，也存在于家门口。被绑缚即是腐败；任何形式的依附都会导致腐败，无论是依附于信念、信仰、理想、经验还是任何结论。心理上的腐败在人类中经常可见。金钱、地位、权力是内心腐败的表面反应，那腐败是欲乐的堆积，是思想围绕欲望活动所建造的意象。腐败即是分裂。

在蔚蓝、清澈的天空和美丽的大地之间，在那片广袤无垠的空间之中，意识终止了。所有的感官都全然清醒，感受着清新无染的空气、沙漠和远处花朵的气息、温暖岩石上蜥蜴的活动以及彻底的寂静。这不仅仅是来自高处的寂静，夕阳刚刚落下后的奇异寂静，清晨到来时陶临大地的寂静，远离所有城市和喧闹村庄的寂静，而且是思想的噪音所从未沾染过的深沉寂静。这种寂静无法衡量，它的纯净和清澈远远超越了意识的所有活动。时间真正停止了。

当汽车下行穿越果园和树林时，那寂静陪伴着我们。文明从城市开始，随之而来的还有惊人的粗俗、骇人的匆促以及人们的傲慢无礼，每个人都在强调着自己的存在，富人们展示着他们的权力和意志，连那部性能卓越的马达都似乎突然变得安静下来（当然这是不可能的）。晨报在它们的社论中说，如果一枚原子弹在一座大城市的上空爆炸，会造成几百万人瞬间蒸发，社会将变成废墟，会引来史无前例的混乱等等，诸如此类的恐怖之事将接踵而至。而人类却将它的信心投向了政治人物和政府。

任何专家——外科医生、大主教、厨师或者水管工——都是只使用一部分大脑，将大脑的全部活动局限在一个狭窄的范围内。政客和古鲁也仅仅运用了大脑超凡能力和能量的一小部分。这有限的、局部的活动，正在世界上制造着混乱。大脑的这一小部分，在所有的宗教派别中都运作着。人们根据被设定好的模式，重复着自己的仪式，重复着毫无意义的言词，重复着两千年或者五千年来的传统姿势。他们中的一些人身着华丽的服饰，优雅地进行着这些活动，另一些人则举止粗俗。在权力腐化的政治圈里也一样。大脑的这一小部分，可以积累丰富的知识，但正是那些知识进一步加固了大脑的局部。人类的提升永远无法通过知识来实现，因为知识从来都不是完备的；它永远处于无知的笼罩之下。超级智能机器，快速发展的计算机，由专家们设计好程序，它们将取代并超越人类的思维及其迟缓的能力。计算机学得更快，会纠正自身的错误，解决自身的问题。人类从未解决他自身的任何心理问题，这些问题已然变得太过复杂。人类似乎从最古老的岁月开始就背负着这些问题，现在依然背负着这些问题——政府、宗教、关系、暴力、战争和地球污染等。只要大脑仅有一小部分在运作，只要人被程式化为美国人、英国人、法国人等等，只要你是一个天主教徒、印度教徒或者穆斯林，这些问题就会留存下来，无法解决。人似乎对大脑的这个小局部是多么的局限和程式化毫无知觉。这给了这种程式化一种虚幻的安全感，一种优越于野蛮人而言的语言结构。但人类是唯一的野蛮人，他本身正是世界上发生着的所有腐败和恐怖的肇因。他要为自己周围所发生的一切，负有全部的、彻底的责任。

大脑的这个小局部就是我们的意识，它就是时间、衡量、空间和思想的所在地。时间既是生物学上的进化，也是心理上的进化，它是日升日落，它是想有所成就的感觉。衡量是现在如何与应当如何，是要达成的理想——暴力变成和平，不断去实现、去成为什么；是比较、模仿、遵从；是更好和更多。空间是大地和天空的广袤跨度，是拥挤城市中的狭小空间，也是意识中的空间，如果其中有任何空间的话。思想是主宰。思想是人类生活中最具支配力的因素。并不存在东方思想或者西方思想，只有思想，即使用多种不同的方式来表达，那依然是思想的运动。思想是所有人类共有的，从最原始的人类到受过最高等教育的人类，都具备这一点。思想把人类送到了月球上，造出了原子弹，建造了所有的寺庙、大教堂以及其中的一切所谓神圣之物，包括繁复的仪式、教条、信念、信仰，等等。思想也制造出了计算机以及写入其中的程序。它以不计其数的方式帮助了人类，但它也催生了战争和所有的死亡工具。它投射出理想，带来了惊人的暴力和折磨，将人类划分成了国家、阶级和数不清的宗教派别，这些都分裂了人类自身，让人类彼此对立。爱不是载满记忆和形象的思想。

思想维系并滋养意识。意识的内容是思想永无休止的运动，是欲望、冲突、恐惧、对快乐的追逐、痛苦、孤独和悲伤。爱、慈悲及其永不腐朽的智慧，超越这局限的意识。爱无法被划分出高下，因为无论高低都依然是意识，永远嘈杂不堪、永远喋喋不休。意识是所有的时间、所有的量度、所有的空间，因为它诞生于思想。思想无论如何都不可能是完整的；思想可以揣度完整，并沉溺于对完整的语言表达和经验中，但思想永远无法洞察完整的美与无限。

因为思想是经验和知识的无益产物，而知识永远不可能完备、完整。所以，思想始终是局限的、破碎的。思想试图解决它给人类带来的问题，但徒劳无功，问题也因此更加根深蒂固。只有当思想意识到，它完全无力从心理上解决它带来的这些问题和冲突时，洞察和洞见才能终结它们。

摘自《会刊》1989 年第 56 期

关系意味着什么？

瑞士，萨能，1981 年 8 月

对树木的热爱，是或者应该是我们天性的一部分，就像呼吸一样。与我们一样，它们是地球的一部分，充盈着美，以及那种奇特的超然感。它们寂然不动，枝繁叶茂，盈溢着丰富的光芒，投下长长的树影，暴风雨来袭时，更有一种欢欣的野性。每一片树叶，即使是树顶最高处的那些，都在轻柔的微风中舞蹈，而烈日下的树荫则备受欢迎。当你背靠着树干坐下时，如果你非常安静，你就与自然建立了一种非常持久的关系。大多数人已经失去了这种关系，因为当他们驾车经过或者闲谈着爬上山坡时，他们虽眼看那些山脉、河谷、溪流和千百棵树木，但是他们太沉浸于自己的问题，无法真正去看，也无法保持安静。山谷那边有一柱孤烟升起，下面有一辆货车驶过，因载满了新近砍伐的树木而行驶缓慢，树木的外皮还保留在树干上。一群男孩和女孩闲聊着走过，打破了树林的寂静。

树木的死亡是一种很美的结束，这与人类并不相像。沙漠中的一棵枯树，树皮剥落，阳光和劲风擦亮了它的树干，它所有裸露的树枝都向天空敞开，这真是一幅令人惊叹的景象。一棵巨大的红杉，有好几百年的历史，几分钟之内就被砍倒了，去做篱笆、椅子和盖房子，或者用来肥沃花园的土壤。那壮丽的庞然大物就这样消失了。人类越来越深地向森林中挺进，毁掉树木，以之建造牧场和房屋。野生动物正在消失。那里有一座山谷，它周围的群山也许是地球上最古老的山脉，从前这里常见的那些猎豹、熊和鹿都彻底消失了，因为人类无处不在。地球的美正被慢慢地破坏和污染，汽车和高楼出现在最意想不到的地方。当你失去了与自然和广袤天空的关系，也就失去了与人类的联系。

他与妻子同来，但大部分谈话由他来进行。他妻子相当害羞，看起来很聪明。而他则相当傲慢，看起来也颇具攻击性。他说他们读过我的一两本书之后，去听了几次演讲，也听过我的一些谈话。

"我们来这里，是真正想和你本人探讨一些我们的主要问题，我希望你不要介意。我们有两个孩子，一个男孩和一个女孩。他们在上学，这对他们来说很幸运。我们不想把我们之间的紧张关系施加在他们身上，尽管他们迟早都会感觉到这一点。我们两个人都很喜欢对方；我不会用'爱'这个词，因为我了解你用那个词所指的意思。我们在很年轻的时候就结婚了，有一栋漂亮的房子，还有个小花园。钱不是我们的问题，她有自己的收入，而我也有工作，尽管我父亲留给了我一些钱。我们来找你，并不是把你当作婚姻顾问，而是想和你探讨我们的关系，如果你不介意的话。我的妻子很含蓄，但我确信她很快就会加入讨论。我们商量好了由我来开头。我们的关系遇到了很大的麻烦，关于这一点，我们经常讨论，但毫无结果。在介绍了这些之后，我想问的是：我们的关系出了什么问题，或者什么是正确的关系？"

你与那些被晚霞浸染的云朵，或者那些静静伫立的大树有什么关系？这并不是一个不相关的问题。你有没有看到在那片土地上、旧汽车上玩耍的那些孩子？当你看到那一切，你的反应是什么，如果我可以这么问的话？

"我不确定会怎么样。我喜欢看孩子们玩耍，我的妻子也是。我对那些云朵或者那棵树没有什么特别的感受。我从没想过它们，或许我甚至从未看过它们。"

他的妻子说："我有些感受。它们对我来说有着某种意义，但我无法诉诸语言。那边的那些孩子也许是我的孩子。毕竟我是个母亲。"

去看看，先生，看看那些云朵和那棵树，就好像你第一次看到它们。看着它们，不让思想介入进来或者游离开去。看着它们，而不只是把它们命名为一朵云或者一棵树。只是用你的心、用你的眼睛去看。它们也属于这个地球，就像我们一样，就像那些孩子一样，甚至就像那辆旧汽车一样。命名本身就是思想的一部分。

"看着那些东西而不将它们语言化，看起来几乎是不可能的。形状本身就是语言。"

语言在我们的生活中起着非常重要的作用。我们的生活，看起来就是一张复杂的相互关联的语言网。语言对我们有极其深远的影响，比如"神""民主""自由"和"极权主义"。这些词会令人想起熟悉的意象。"妻子"和"丈夫"这些词是我们日常生活中常用的字眼。但"妻子"这个词，并不是实际上那个活生生的人，还有她所有的复杂性和烦恼。所以语言从来不是实际的事物。当语言变得无比重要，生活和实际的事物反而被忽略了。

"但我无法逃脱词语及其带来的意象。"

你无法将词语和意象分开。词语就是意象。不涉及词语和意象地观察，这才是问题所在。

"那是不可能的，先生。"

恕我直言，你并没有认真地尝试这么做。"不可能"这个词阻挡你去这么做。请不要说可能或者不可能，而只是去做。让我们回到你的问题上：什么是正确的关系？我肯定，当我们理解了关系，你自己就会发现什么是正确的。对你来说，关系意味着什么呢？

"让我想一想。根据环境的不同，它意味着太多东西了，而那取决于各种不同的情境。某一天它是某个特定的反应，而另一天它就有了另一种截然不同的含义。它是责任、无聊、恼怒、感官反应以及想逃避那一切的渴望。"

这就是你所谓的关系。它是不同程度的感官反应和浪漫的情绪，如果你有这样的倾向——温顺、依恋、孤独、恐惧等等（担忧，而不是实际上的恐惧）。这就是与某个特定的人或者别的什么人的所谓的关系。你与你的理想和希望、经验和推论也有关系。这一切就是你以及你与别人的关系。而另一个人也与你相似，尽管他也许从生理上、文化上、外表上与你不同。所以，这难道不意味着你始终以自我为中心，而她也以相似的方式活着？两条平行线永不相交？

"我开始明白你的意思了，但是请你继续说下去。"

这一点变得清晰起来：实际上关系并不存在。人基本上关注的是他自己，自己的快乐，服从另一个人是为了满足自己，等等。我们换个方式来说。人类为什么如此自我？无论是有意识地，还是在最隐秘的内心深处，都是自私的，为什么？未被驯养的动物看起来就没有像人类这样自我中心。如果我们要自己去发现什么是正确的关系，我们就必须非常深入地探索这个问题。而不带动机的觉察需要去试验。我们大多数人都发现，很难做到在观察时不带有这种或那种动机。我们能否一起非常客观地审视，无论关系亲密与否，两个人之间的关系之中究竟发生了什么？几乎所有的反应都被记录在大脑中，特别是那些痛苦或者快乐的部分，都被有意识地或者在更深的层面上记录了下来。这种记录从童年开始一直持续到死亡来临，慢慢地建立起每个人自己的一种意象或者画面。如果结婚了或者与别人生活在一起一个月或者一年，就会形成一个关于对方的形象——伤害、激怒、刻薄的话语以及讨好等等，还有感官反应、理性观察、陪伴和温顺等等以及对成就和文化交往的想象。这些东西产生了各种各样的意象，它们会在不同的情境下被唤醒。除了身体上实际发生的关系之外，这些意象扭曲或否定了爱、慈悲与智慧之间的一种深沉的关系。

"那么要如何或以怎样的方式才不会形成这些意象？"

你是否提出了一个错误的问题，先生？那个阻止者是谁？提出这个问题的，不正是另一个意象或者想法吗？从一个意象跳到另一个意象上，你难道不还是在和意象打交道吗？这样的探究没有任何结果。当你身体受伤了，或者心理上有创伤——从童年起就开始的——那伤害的后果是显而易见的：害怕再次受伤，你在自己周围建造起一堵围墙并退缩其后，进一步隔绝，等等——这是一个神经质的过程。如果以及当你意识到、当你观察到这些伤害和冲突，那么你就会本能地想知道如何防止受伤。那个终极的意象是"我"，无论是大写的，还是小写的"我"。大脑、思想为什么形成这些意象，这些意象为什么存在，当你充分领会了这些真相的全部含义，那洞察本身就会驱散所有形式的意象。这就是终极的自由。

"如你所说，大脑或者思想为什么会构建意象，其原因何在？"

是为了安全吗？想要远离所有危险的安全？想要确定、想要避免困惑？无论大脑的哪一小部分在运作，若要良好且高效地运作，它就必须感觉确定、安全。无论那确定感、安全感是幻觉，还是如信仰或者信念等某种思想的发明，实际上都不重要，只要局限的那一小部分大脑觉得安全、确信和肯定。我们就活在这种幻觉里。人类带着意象生活，比如民族主义，以及世界上所有寺庙中的那些神像，继续着冲突、快乐和悲伤。这些意象的产生没有尽头。但是，当你洞察到它们妨碍了我们建立真实而深刻的关系，与彼此、与我们自己以及与那片云、那棵树和那些孩子们，并在之上投射了阴影，只有当你洞察到这一点，此时才能有爱。

摘自《会刊》1989 年第 56 期

美是危险的

瑞士，萨能，1981 年 8 月 11 日

美是危险的。站在那座山上，你看到绵延三百英里的喜马拉雅山脉，一眼望不到头的幽深峡谷，一座接一座常年积雪的山峰，放眼望去没有任何一栋房子、一座村庄或者一间草房。阳光刚刚照耀到最高的雪峰，就在一刹那间，绵延不绝的整个山脉都炽红如火。就好像它们是从内部燃烧了起来，闪着一种令人无法置信的强烈光辉。山谷变得更加幽暗，而那寂静是如此纯粹。大地一片辉煌，令人屏息凝视。当太阳从遥远的东方升起，那庄严山脉的无限和彻底的纯净，看起来是如此近，仿佛触手可摸，但它们其实远在千里之外。

一天开始了。难怪人类会膜拜喜马拉雅山，这些山脉是神圣的，人们从远处崇拜它们。所有的古人都将它们神化，因为天人将那里作为他们的居所。现在，那里成了滑雪胜地，有着众多的旅馆、游泳池和喧嚣；但永不融化、也不会被污染的那些雪域中没有这些。美是不朽的，同时又极具危险。

离开那不可穿透的寂静，沿着山石崎岖的小径，追随一条小溪顺流

而下，穿过种类繁多的松树、大棵的喜马拉雅雪松，山路变得宽阔起来，路面覆盖着青草。这是一个美丽的清晨，带着富饶森林的柔软气息。小路转了很多个弯，天气变得暖和起来。近旁的树林中有一大群猴子，它们的脸在朝阳下闪闪发光，它们有着长长的尾巴和毛茸茸的灰色身体。小猴子们爬到母亲身上，整个猴群都在静静地看着这个形单影只的人，毫无惧色。它们一动不动地看着。不久，一群印度托钵僧诵着经，向山下远处的一个村庄走去。他们唱诵的梵文准确而清晰，表明他们来自遥远的南方。他们的颂歌是献给朝阳的，是它给了万物生命，过去和现在它都赐福于所有的生命。他们大约有八个人，其中有三四个相当年轻，都已剃度并身穿藏红袍子，很有自制力的样子。他们眼光向下，不看参天巨树、万紫千红的花和柔软的绿色群山；因为美是危险的——欲望可能会被唤起。

整个村子在准备早餐，木材燃烧的气味弥漫在空气中。刚刚梳洗过的孩子们，在叫声和笑声中准备去上学。在村庄惯常的喧闹之中，有一种哀伤的厌倦感。村子里有自己的神职人员、信教者和不信教者。

奇怪的是，从遥远的远古时代开始，神职人员是如何制约着人们的心灵，让人们有信仰、去相信、去服从的？他们是学者、老师和律法。借由高贵而负责的行为，他们成为社会的守护者、传统的支持者。他们借助恐惧控制着国王和人民。曾经一度，他们远离社会，在社会之外，这样他们就能够从道德上、美学上、宗教上引导社会。后来，他们逐渐变成了神和人之间的诠释者。他们拥有权力、地位以及寺庙、教堂这些巨额的财产。在东方，他们用简单的、特殊着色的布片来蔽体。在西方，他们仪式性的服装变得越来越具有象征性，越来越昂贵。还有分别住在修道院里的那些苦行僧侣和住在宫殿里的僧人。宗教首脑借助他们的层级体系，将人们控制在信仰、教条、仪式以及毫无意义的词语之中。迷信、欺骗和虚伪变成了东西方所有组织化的宗教所通用的货币。于是最神圣之物溜出了窗外，无论那扇窗户有多么华美。

所以，人类需要再次去发现那永恒的神圣之物，而不再被神明的诠释者、神职人员、古鲁以及冥想的贩卖者所困。你必须成为自己的光。这光永远无法由别人、由哲学家或者心理学家交给你，无论他们是多么被传统所尊崇。

自由是孑然独立，不依附，不恐惧，自由地去理解滋生幻觉的欲望。孑然独立之中，有着巨大的力量。局限的、程式化的大脑从未独立，因为它塞满了知识。而被以宗教方式或者技术方式程式化的东西，始终是局限的。这种局限是冲突的主要因素。

对于一个心怀欲望的人来说，美是危险的。

摘自《会刊》1989 年第 57 期

PART 02

问答集

Questions and Answers

冥想与永恒的时刻

节选自 1956 年在新德里进行的一次讨论

提问者（以下简称"问"）：冥想中涉及哪些内容？

克里希那穆提（以下简称"克"）：首要的事情是彻底清空心中已知的一切；其次，要有一种没有指向、未被控制的能量；再次，还需要最高形式的秩序，秩序在这里的含义，是彻底终结冲突带来的混乱，秩序是没有任何特性的心灵所具有的一种品质。我们必须把借助方法的想法和做法彻底抛弃。核心问题是，心灵——包括内心、大脑和整个物质有机体——能否没有任何扭曲、没有任何强迫因而毫不费力地活着。请问问自己这个问题。这一切就是冥想。

我们的心灵是扭曲的；它被我们生活于其中的文化，被宗教、经济结构和被我们摄入的食物等等塑形。心被赋予了一个明确的形状，被制约了,而这种制约是一种扭曲。只有当扭曲不存在时,心才能够非常清晰、纯净、完整、纯真地去看。第一步是看的能力——倾听的艺术——没有扭曲地看，那意味着心必须彻底安静，没有一丝活动。不停活动着的心能否彻底地、绝对地安静下来，没有丝毫运动，也不采用任何方法、体系、练习和控制行动？

　　心必须清空自己，清空过去的一切，才能变得高度敏感；如果载有过去的重负，它就无法敏感。只有已经了解了这一切的心，才能提出这个问题。而且，即使它提出了这个问题，它并没有答案，因为答案并不存在。心变得高度敏感，因而极其智慧，而智慧并没有答案。智慧本身就是答案。观察者毫无立足之处，因为智慧是至高无上的。

　　于是，心不再追寻，不再渴望更高层次的体验，因而不再掌控。看看这其中的美，先生。它不掌控，因为它是智慧的。它在运转，它在工作。因而，在智慧的行动本身之中，二元状态消失了。这一切就是冥想。就像开始出现在山顶上的一片云，周围有几片小小的云朵，当它移动起来，就覆盖了整个天空、峡谷、山脉、河流、人类和地球，覆盖了一切。这就是冥想，因为冥想是对所有生命的关注，而不仅仅是其中的一部分。

　　只有此时，心才能彻底寂静，没有丝毫活动——并非在那一刻持续的期间内如此，因为那一刻没有长度，因为它不属于时间。只有当有个经历寂静的观察者说"我希望能够体验更多"时，时间才会存在。所以，那绝对寂静、安止的一刻，既没有过去也没有未来，因为它不属于时间。因此，那彻底的寂然不动超越了所有思想。而那一刻，因永恒而无限。

　　摆脱了所有扭曲的心灵，是真正的宗教之心，它并不是光顾寺庙的心、阅读圣书的心、重复仪式的心，无论那些仪式看起来多么美妙；它也不是充满了意象的心，无论那些意象是被强加于其上的，还是它自己制造出来的。

　　生活与学习是分不开的，这其中有着浩瀚的美。因为，毕竟那就是爱。爱是慈悲，是热情，对一切的热情。有爱，就没有观察者，没有二元性：

爱"我"的"你"和爱"你"的"我"。只有爱，尽管可能是爱一个人，也可能是爱千万人；只有爱。

当有爱时，无论你做什么，都不会做错。但是，我们没有爱却试图去做所有的事情——登月，惊人的科学发现——因而事事皆错。只有当观察者不存在时，爱才会到来。那意味着当心没有把自己划分为观察者和被观察者时才有爱的品质。当你拥有了爱，爱就是至高无上者。

摘自《会刊》1978 年第 35 期

恐惧与困惑

节选自 1967 年 4 月在巴黎与年轻人进行的一次讨论

克： 困惑也许是导致恐惧的主要原因之一。感到困惑却找不到出路，我们因此而恐惧。深陷悲伤之中却无法终结悲伤，我们就会绝望地说："这毫无希望，就是这样，就是那样。"那么，可有出路？我们来探索一下。

当我们说"我很困惑"，我们是否真的看到了这个事实？你明白我的意思吗？是我意识到自己饿了，还是别人告诉我我饿了？这两者截然不同。那么究竟是哪一种情况？是我意识到我困惑，还是只有与某事联系到一起时，我才感觉到自己的困惑？

问： 与我们想象出的某种状态相联系时。

克： 就是这样。那么，困惑是一种直接的体验呢，或者仅仅是与某种状态——这状态并非此刻的事实——进行比较之后得到的一种体验？请注意，先生们，探讨这一点很重要。"我很困惑"——我对这一点的认识，就像意识到自己饿了一样呢，还是只有当我与某种东西——我曾经想到或达到的状态，或者我曾经领悟到的清晰状态——进行比较时才会意识到？先生，当你饥饿时，你会和你不饿时比较吗？你不会吧，你就是肚子饿了。我是否以同样的方式意识到我很困惑？如果你意识到了这一点，那么这个问题就变得极其重要，你就会去寻找答案。

问：那我们为什么没有意识到呢？

克：等一下，等一下。首先看到其中的不同。当你意识到你饿了，你就会行动——乞讨、赊欠或者偷窃——至少你会去做些什么。但是如果你说"好吧，我也许饿了"，那么你就会慢慢来，来谈论一下，讨论一下你要吃哪种食物，等等。但当你意识到了，你即刻就会行动。而这就是整个重点。我困惑，而且我意识到我所做的任何举动——思想中或者由思想引发的任何活动——依然还是困惑。对吗？我有没有意识到这个事实？这表示，是思想在制造困惑，进而带来恐惧。

问：但问题是，人一旦听到了这些，就会去想象一个没有思想的状态。

克：不，先生。你看，你并没有从事实走向事实，你已经远离了事实。我很困惑，而且我意识到无论我做出任何举动，都依然是困惑的产物。一旦我知道了这一点，我就会停下来，不去虚构、推理或者感到绝望。我说："天哪，我困惑。"然后会发生什么——实际上而不是理论上会发生什么呢？当我意识到我很困惑，而且无论我做什么、想什么，希望完成某项活动，做出什么举动，都是困惑的产物，也因此增加了更多的困惑——当我意识到我心理上很困惑，心智从心理上做出的任何举动，都依然在困惑的领域之中，我就会停下来，不是吗？心智的活动停下来了，因此我不再恐惧，"因为恐惧是困惑的一部分"。

现在这是我们每个人的事实吗？——否则我们无法探讨这个问题。

问：我不是。我还处于绝望状态。

克：我意识到没有出路，那条路到达不了任何地方，那是个死胡同。我会怎么办？不要说"好吧，我不知道怎么办"，你是不会待在那儿的；你会转过身来，不是吗？

问：但是如何意识到呢？

克：问题就在于此：如何意识到人完全是困惑的，而不是如何从困惑中脱身。于是你开始去探索这种困惑的根源——因为你已经停下来了，而不是因为你在寻找什么。我不知道你是否看出了其中的不同。以前，我寻找困惑的原因，是为了清除它们；因此我的观察、我的探索与现在截然不同，因为现在我意识到我很困惑，我发现任何活动都于事无补。这种看，是截然不同的观察。

问：他没有任何动机。

克：就是这样。他没有动机，而另一个人有动机。

问：你从困惑中去看这个问题就不同了，因为你背后有个动机——你看到你想看到的东西，而不是实际状况。但是如果没有动机，你就能够直接看到事实。

克：对。请听清楚他说的话，弄清他的意思。他说：如果你有动机，那么动机就会产生扭曲作用，而当你没有动机时，你就能够清晰地看到。

问：但我们如何才能没有动机呢？

克：等一下，等一下。你无法停止任何东西，能做的仅仅是去观察。先生，你错过了整个重点，你太理智了。这是一个直接的问题，而不是一个智力上的问题。

我这一方的任何活动都是困惑，而这就是困难所在。现在我意识到，只要我带着动机去看，所有的看都会被扭曲。所以有没有可能不带着动机去看？显然，正是动机滋生恐惧。所以，这其中包含了一个更为根本的问题：行动的发生有没有可能没有任何动机？

摘自《会刊》1974 年第 22 期

不知的状态

节选自 1967 年 6 月在荷兰赫伊曾与学生们进行的一次讨论

问：当你清醒时，带着强烈的觉察，你就可以看到内心的愤怒来了又去，而不会触及你的意识，难道不是这样吗？

克：噢，先生！对于这个问题，我们得小心一点。意识本身不同于愤怒吗？比如说，我嫉妒。"我"与嫉妒不同吗？嫉妒，与正在观察嫉妒的那个人，有什么不同吗？我是经历者，而我经历的事情是嫉妒。经验不同于经验者吗？

对于正在了解嫉妒这件事情的人来说，探讨这些是非常有趣的。我嫉妒你，我羡慕你，而我想了解关于嫉妒这件事情的一切，因为当我了解了它的全部内容，它就结束了，它也不再带来痛苦。那么，我要如何去了解？什么是了解①？除了学习一门语言，学习如何开车，等等，学习是什么？你什么时候学习？当你什么都不知道时，你会去学习。我学习一门语言，因为我不懂这门语言，对吗？如果我已经懂了这门语言，我就没法再去学它了！我们来检验一下这一点。我们现在——即活生生

① 了解：即学习。——译者注

的此刻——是在学习吗，还是仅仅在积累别人说过的话，把它们贮存起来，以后再去思考？你看到其中的不同了吗？

我们探讨过梦这个问题。我想了解我自己，这个做梦的"自己"。那么，我会通过阅读荣格、弗洛伊德或者神学家的著作所获得的知识来着手解决这个问题吗？

问：通过阅读弗洛伊德，你了解的是弗洛伊德。

克：就是这样，先生。我了解了弗洛伊德，但我并没有了解自己。所以，当我通过弗洛伊德来了解自己时，我就没有观察自己；我在观察弗洛伊德制造的关于我的意象。所以我得摆脱弗洛伊德。现在，请慢慢跟上这一点：当我观察自己时，我就是在了解自己。

我是否会积累关于自己的知识，然后带着那些知识去观察？——这与通过弗洛伊德来看我自己是同样的过程。你明白吗？所以，我能否了解自己，却不带有任何积累？这是了解的唯一方式，因为这个"自己"始终在活动，它总是极其活跃，我无法通过静止的东西——无论是我积累的关于自己的知识，还是从弗洛伊德那里获得的知识——去了解这种活动。因此我不仅需要摆脱弗洛伊德，而且还要摆脱我昨天积攒的对自己的认识。这非常复杂，它不仅仅是一个技巧。

问：似乎是你摒弃了知识而去了解事实？

克：正是这样。也就是说，当你在不带有知识的情况下观察事实，此时你才能学习。否则你就会"知道"，或者以为自己知道。所以，此时的学习是创造性的，是某种崭新的东西。你始终在学习。所以，我不仅要扔掉弗洛伊德和荣格，而且要扔掉我昨天获得的对自己的认识。首先，这可能吗？

问：你提到了"昨天"，先生。有无数个昨天我们已经忘记了，但是它们留在了我们的潜意识里。那一切都需要摒弃，是吗？

克：是的。你能扔掉它们吗？

问：我认为可以扔掉它们……

克：你认为可以——所以你并不知道。你只能说你不知道。现在，把速度放慢安静地听着。请深入探究一颗说"我不知道"的心处于怎样的状态。

问：它很安静。

问：它很开放。

克：不，不！不要仅仅做出一些陈述。先来看一下。我们有两百万年的遗传，有千千万万种经验、印象、制约和知识。这一切都是我的背景，而我想要了解它，将它全部暴露出来并将其摆脱，因为那些东西控制着我的现在，塑造着我的未来，我因而继续生活在牢笼中。所以我对自己说："这太可怕了。我必须摆脱它。"我不知道怎么办，我不知道。所以我问自己：当我说我真的一无所知时，我的心是怎样一种状态？你我是两百万年局限的结果。对吗？在那两百万年中，不仅仅有动物性遗传，还有人类为了成长和成为什么——成为各种各样的人——所做的努力。我们就是这样的产物。而那一切都在此刻和未来运作着。这就是我们生活在其中的老鼠赛①。所以我看着这场老鼠赛，我说："我必须摆脱它。"为此我来询问你，而你不知道；我问教皇，问了很多人，而他们也不知道。他们所知道的仅仅来自于他们那一行的说法；也就是说，如果你信耶稣，如果你信上帝，你就会据此认为自己知道。所以，我现在就走到了这一步，要去弄清楚当我说"我真的一无所知"时，我的心处于怎样一种状态。

---

① 老鼠赛：指激烈而又毫无意义的竞争。——译者注

你曾经这么说过吗？

问：实际上那是非常美妙的一种体验。

问：那是一种谦卑的经验。

克：不，不！那根本不是经验。我不把它叫作经验。它不是一次糟糕或美妙的经验，它是一个事实。我不能说它是好是坏。它是个事实——就像这个麦克风一样。我曾经往北、往南、往东、往西、上上下下地张望过，而我真的不知道。接下来会发生什么呢？

问：你继续寻找出路。

克：那么你就不会再说：我不知道。

问：我不知道怎么办。

克：那么你就是在寻找"怎么办"。我困在这个两百万年的陷阱里了。我无法相信任何人——救世主、大师、老师、神职人员——因为他们都把我领进了这个陷阱，我就是这个陷阱的一部分。我不知道怎么出来。当我说"我不知道"时，我是真的不知道呢，还是我只是在寻找出路？

问：我的意思是并没有现成的答案。

克：就是这样。你没有现成的答案，所以你想找到另一套现成的答案。

问：你继续努力寻找出路。

克：那么你就又回到了陷阱里。先生们，我们已经说了"我不知道"。我们的心很困惑，因为困惑，我们寻求牧师、心理学家和政客的帮助。困惑因而制造出更多的困惑。我们为什么不说："好吧，我困惑。我不再有所行动。"当然我会去办公室上班，继续每天的活动，但是就我心理上的困惑而言，我将什么都不做，因为我看到，如果我做什么，就会制造更多的困惑。因此，在心理上，我不动任何心思。动任何心思都是自挖陷阱。那么，在心理上，你能对那陷阱什么也不做吗？

　　请仔细地听着。如果你对那陷阱什么都不做，你就能摆脱它。只有不停地想对那陷阱做些什么的行为，才会把你困在陷阱里。当你看到确实如此，你就会停下来，不是吗？你会停止一切活动。而那意味着什么？那意味着你愿意从心理上死去。所以，当你"不知道"并且你真的这样以为时，你就脱离了陷阱，因为过去终止了。只有当你不停地说"我在寻找，我在询问，我必须知道"时，过去才会不断地得以重复。

　　问：当你保持安静……

　　克：啊！这不是保持安静。这是最激烈的行动。

　　问：当你一无所知……

　　克：那么，你就拥有了自己。

　　问：但这太简单了。

　　克：这并没有那么简单。这是两百万年来的样子。它是最最复杂的事情，你必须去了解它。你要么即刻了解它，要么它就会再持续两百万年。但我们只拿过去的五十年来说吧。这期间我们积累了大量的东西：有两次致命的战争——屠戮、残忍、争执、分裂、侮辱。这些全都发生了。这就是陷阱。我们就是陷阱，那么，有没有可能立刻从中跳出来？

　　问：立刻？

　　克：当然必须立刻跳出来。如果你说你不能，那么就不用讨论了，你没有问题了。如果你说"有可能"，那也没有意义。但是如果你说"我真的不知道怎么办"，而不感到绝望、痛苦或者愤怒，那么在那样的状态中就完全没有活动——然后门就打开了。

摘自《会刊》1973 年第 18 期

爱、性及宗教生活

英国，金斯顿，1967 年 10 月 2 日

问：很多年前，当我最初对所谓的宗教生活感兴趣时，我痛下决心，彻底断除了性。我严格地遵守我所认为的那种生活的基本原则，过着严苛的僧人式的独身苦行生活。现在我看到了包含压抑和暴力的清教徒式的遵从是愚蠢的，但我不想回到过去的生活中。关于性这个问题，我现在该如何应对？

克：当你有欲望时，你为什么不知道该怎么办？我来告诉你为什么。因为你那个严苛的决定依然起着作用。所有的宗教都告诉我们要拒绝性，压抑它，因为他们说那是能量的浪费——若要发现上帝，你必须具备能量。但是这种苦行、严苛的压抑以及对某个模式的遵从，对我们所有精微的直觉都犯下了残酷的暴行。这种严苛的苦行比起沉溺于性，是更大的能量浪费。

你为什么把性变成了一个问题？实际上，你是否与某人上床，这根本不重要。继续这些行为或者将其丢弃，但不要把它变成问题。问题来自于这些顽固的先入之见。真正有意思的事，不是我们是否与某人上床，

而是我们的生活中为什么有这么多支离破碎的片段。在一个焦躁不安的角落里，有性以及与之有关的所有偏见；另一个角落里是想得到这个或那个的渴望，每个角落里都有心灵的喋喋不休。能量浪费的方式太多了。

如果我生活中的某个角落是混乱的，那么我的整个生活就是混乱的。如果我的生活在性这件事情上是混乱的，那么我生活的其余部分也处于混乱之中。所以，我不应该只问如何让一个角落恢复秩序，而是应该问为什么我把生活割裂成如此之多的各种碎片——内部本身就混乱不堪而且彼此互相矛盾的碎片。当我看到如此之多的碎片，我能做什么？我要如何处置它们？我有这些碎片，是因为我的内在不完整。如果我深入探索这一切而不导致更多的碎片，如果我探究到每一个碎片的尽头，那么在那觉察——即看——之中，就没有了碎片。每一个碎片都是单独的快乐。我应该问问自己，我是不是终生都要待在某个肮脏的快乐的小房间内？深入探索每一种快乐、每一个碎片对我的奴役，于是我对自己说：我的天，我依赖，我是所有这些狭小角落的奴隶，我的生命难道就只有这些吗？好好面对这一切，看看会发生什么。

问：我恋爱了，但是我知道这段关系没有未来。这种情形我以前经历过几次，我不想再卷入其中，卷入痛苦和混乱之中。可是没有这个人，我会非常不快乐。我要如何让自己摆脱这种状态？

克：没有你所爱的这个人，你所感到的那种孤独、绝望和悲惨，在你恋爱之前就存在了。你所谓的爱，只不过是一种刺激，暂时掩盖了你的空虚。你通过某个人来逃避孤独，利用这个人来掩盖孤独。你的问题并不在于这段关系，而在于你自身的空虚。逃避非常危险，因为它就像某些药物一样，将真正的问题隐藏了起来。正是因为你内心没有爱，所以你不停地从外面寻找爱来填满自己。这种爱的缺乏就是你的孤独，而当你看到这个真相，你就再也不会试图用外在的人或事来填补了。

了解到逃避的无益，与决心不再卷入这种关系，是不同的。下决心毫无益处，因为它会增强你决心反抗的东西。而了解则截然不同。决心是压抑、暴力和冲突；而看到内心存在这种孤独、这种空虚，并且看到观察者想要对它进行任何改变的行为，都只会增强它——这是了解。甚至称它为孤独，都是观察者想要摆脱的一种行为。这样的行为什么都改变不了，只会增强孤独，但对这孤独彻底的不行动就是改变。这种改变超越了感情和思想，绕过了感情和思想。你内心无论发生着什么——愤怒、绝望、嫉妒或者其他任何冲突——即刻丢下它，停止它。

问：一个男人和一个女人生活在一起，有性、有孩子，而没有此类关系通常所具有的一切混乱、痛苦和冲突，这可能吗？双方都有自由，这可能吗？我说的自由，不是指丈夫或者妻子不时与别的什么人有染。人们通常因为恋爱而走到一起并结婚，而其中有欲望、选择、快乐、占有欲和强烈的冲动。这种恋爱感本身，从一开始就充满了冲突的种子。

克：是吗？必然是这样吗？我深深地质疑这一点。你难道不能坠入爱河却不占有对方？我爱某个人，她也爱我，我们结婚了——这一切都极其直接和简单，其中根本没有冲突。（当我说我们结婚了，我也完全可以说我们决定生活在一起——我们不要陷在文字里。）一个人能不能只有其一而没有其二，就好像没必要有个尾巴跟在后面？两个人难道不能相爱同时又都很智慧、很敏感，所以拥有自由，并且没有制造冲突的那个中心？冲突并不在恋爱这份感情中。恋爱的感觉完全没有冲突。恋爱中没有能量的损耗。能量损耗在尾巴那里，耗费在随之而来的一切之中——嫉妒、占有、猜忌、怀疑、恐惧失去那份爱以及不停要求得到的确认和安全感。与你爱的人保持性关系而没有通常紧随其后的梦魇，这必定是可能的。当然有这样的可能。

摘自《会刊》1969 年第 3 期

一次电视采访

1970 年 12 月 7 日，BBC 播放了一期对克里希那穆提的访谈。这次
访谈于当年的早些时候拍摄于位于汉普郡布洛克伍德公园的克里希那穆
提学校。访谈所探讨的话题涵盖甚广，包括权威、恐惧与快乐、思想的
运作、关系、爱和冥想。访谈的节录如下。

权威

问：克里希那穆提先生，你说我们所有问题的症结都来源于一个问题：
我们按照别人告诉我们的方式生活，我们是二手的人类。数个世纪以来
我们一直屈从于各种权威，而今天的年轻人在反抗权威。你个人有哪些
反对权威的看法？

克：我不认为我有什么反对权威的看法，但是，遍及世界的权威
残害了人们的心灵——不仅仅从宗教上，而且对人们内心的影响也是如
此——因为宗教所施加的信仰权威无疑破坏了对真相的探索。人依赖权
威，因为他害怕孑然独立。

问：对此我有点困惑，因为人类所积累的智慧肯定不必全部抛弃吧？

克：是的，但什么是智慧呢？智慧仅仅是积累知识吗，还是只有当

苦难终结时智慧才会到来？毕竟，智慧不在书本中，也不在他人经验所累积的知识中。智慧必定只能来自于自我了解，来自于对自己整个结构的自我发现之中。在对自我的了解中，悲伤终结，智慧开始。当心灵受困于恐惧和悲伤之中，它怎么可能是智慧的呢？只有当悲伤——也就是恐惧——终结时，智慧才可能产生。

爱

问：为什么我们都无可救药地渴望被爱？

克：因为我们极度空虚和寂寞。

问：但是你说爱远远比被爱重要。

克：是的，当然——那意味着你必须了解自己内心的这种空虚、这份寂寞。一颗只关注自己的野心、贪婪、恐惧、愧疚和痛苦的心，没有能力去爱。本身分裂、生活在支离破碎中的心，显然无法去爱。分裂意味着悲伤；它是悲伤的根源——"你"和"我"、"我们"和"他们"、黑人、白人和棕色人种等等划分。所以，只要有这种分裂和碎片化，爱就无法存在，因为善是一种无分裂的状态。这个世界本身是不可分割的。

问：你说，实际上只有当彻底摒弃自我时，爱才能出现。但是人要如何自我摒弃呢？

克：彻底的摒弃只能伴随着对自己的了解而发生。自我了解是智慧的开端，因而智慧和爱是并肩而行的。这意味着，只有当我真正了解了自己，进而知道自己内心全无分裂——没有愤怒感、野心、贪婪和带来分裂的行为时，才能有爱。

问：但是，你看，我们依然不得不生活在社会之中，一个相当病态的社会，这严重影响了我们——我们无法真正自由地做我们自己，其中一部分原因正是这个社会。

克： 但可以肯定的是，先生，我们就是这个社会。我们建造了这个社会——社会就是我们，世界就是我们。世界并非不同于我的某种东西。我是我生活于其中的这个世界、这个社会、这个文化、这个宗教和环境的产物。

问： 你说：你看，正是努力摧毁了我们，生活是一系列的战斗，而唯一幸福的人是没有被努力所困的人。但是，如果没有经过某种艰苦的努力，怎么能够在这个世界上做事呢？

克： 为什么不能呢，先生？而努力又是什么呢？那是各种能量的对立，不是吗？一种能量对抗另一种能量。

问： 它难道不能变成一种向着某个方向持续而稳定的驱动力吗？

克： 如果只有一种驱动力、一种追求，其中哪会有矛盾呢？那样就不会有能量的浪费，不会有冲突。如果我想去散步，我就去散步。但是，如果我想去散步但我又得做点别的什么，那么矛盾就开始了，然后是冲突和努力。所以这就是为什么说若要理解努力，我们就必须发现我们的内心如何矛盾重重。

冥想

问： 你说的冥想是什么意思？这个词经常在你的书中出现。来见你之前，我查了查《牛津词典》，里边说冥想的意思就是沉湎于思想。但是你不想让我们这么做。

克： 若要知道冥想的真正含义，你就必须深入其中——对我来说，这是最重要的事情之一。

问：最好的解释方式，是不是由你来告诉我，什么不是冥想？

克：我正要这么建议。你看，有各种各样的冥想派别。他们提供各种体系和方法，他们说如果你日复一日地练习这些方法，你就会得到某种形式的开悟、某种非凡的体验。首先，整套关于体系和方法的观念，都意味着机械的重复——而这不是冥想。那么，是否可能不通过重复把头脑变迟钝，而是去觉察思想的这种运动——没有压抑、不试图去控制思想，而只是觉察思想这种不停上演的喋喋不休，其整个动力何在？

问：但是我们一直在将思想语言化，不是吗？

克：就是这样。思想只存在于语言中，或者意象中。冥想需要最非凡的纪律——不是压抑和遵从的纪律——而是当你观察你的思想，当有一种对思想的观察时，那种纪律才会产生。观察本身就会带来它自身非凡而又精微的纪律。这一点是绝对必要的。

问：人是不是要特别抽时间来做这件事？

克：先生，你任何时候都可以这么做。当你坐在公共汽车上时，你就可以这么做——也就是看，观察。留心你周围发生的事情，以及你内心发生的事情——觉察这整个运动。你看，冥想实际上是清空头脑中一切已知的一种做法。如果没有清空已知，你就无法知道未知。若想看到任何新事物，崭新的事物，头脑必须清空所有过去。真理，或者神，或者无论你给它何种称谓，必定是崭新的，而不是某种宣传的产物、制约的结果。基督教徒被两千年来的宗教宣传所制约，印度教徒和佛教徒也受到了同样的制约。所以对他们来说，神或者真理是宣传的产物，可那不是真理。真理是每天都鲜活存在的东西。因此头脑必须清空才能看到真理。

问：你擦干净了那块石板 [①]，因而开始演讲？

克：那是冥想。

问：于是你得到了这种对"现状"（what is）全然而放松的洞察。

克：对"现状"——是的。而"现状"并非一件静止的事物，它极其活跃。因而真正处于冥想中的心灵，冥想的心，是一颗非常寂静的心，而这寂静并非压制喧闹的结果。它并非喧闹的反面。当头脑彻底了解了自己，寂静就会到来——没有任何运动发生，那意味着脑细胞本身安静了下来。然后在那寂静中，一切就自然发生了。这是最非凡的事情，如果你观察它的话。这是真正的冥想，不是虚伪地接受权威、重复字句以及诸如此类的事情。那些都是无稽之谈。

问：我可以试着总结一下吗，然后请告诉我是否有误解？冥想，在我看来，是极其重要的摆脱制约的过程。

克：对。

问：如果我抛弃了权威这致命的重负，如果我抛弃了别人告诉我的一切，那一刻我就彻底孑然独立了，而在那孤独中，我就有机会去了解真实的我。

克：以及去了解什么是真理，或者神，或者你乐子赋予的任何称谓。

摘自《会刊》1970—1971 年第 9 期

---

① 石板：比喻记忆。——译者注

倾听的能力

加利福尼亚，圣莫尼卡，1974 年 3 月

问： 我听你讲话到现在已经有一段时间了，但是什么改变都没有。

克： "我听你讲话到已经有些年头了，而我身上没发生什么改变。"那么就不要再听了。

请注意，先生，如果你听某个人讲话听了很多年，你自己看到了这些话语中所具有的美，那你会想听更多；然后它向你开启了一扇你以前从未见过的门。如果没有开启，那么是哪里出了差错？是说这些事情的讲话者有什么问题呢，还是聆听者有什么不对？为什么一个男人或者一个女人听了很多年却没有改变？其中有着极大的悲伤，不是吗？

你看到一朵花，路边一朵美丽的花，你瞟了一眼后走开了。你没有停下来看一看，你没有看到那美、那安静的庄严、那可爱。你走了过去。出了什么问题？是你不认真吗？是你不关心吗？是不是因为你有太多的问题，以至于困在其中，完全没有时间、没有闲暇停下来，因而从未看过那朵花？或者是讲话者所说的话本身没有任何价值——不是你以为它如何——而是它本身就没有价值？它没有价值吗？若要确定它有没有价

值，你得审视讲话者所说的话。而若要去审视，你就必须要有倾听的能力，你必须能够去看，你必须付出时间。所以，那是你的责任，还是讲话者的责任？那是我们共同的责任，不是吗？我们双方都需要去看。讲话者也许指出来了，但是你得去看，你得深入其中，你得去了解。然而，如果你的心不是勤奋的，而是懈怠的，如果你没有留心观察，不是高度敏感的，这就是你的问题。那意味着你需要改变你的生活方式，一切都需要改变，才能学习到一种截然不同的生活方式。而这需要能量；你不能怠惰，不能懒洋洋。

由于这是我们双方共同的责任——也许更多的是你的而不是讲话者的责任——或许，先生，你还没有将你的生命付诸其中。我们在谈论生命——不是谈论观念、理论、实践，也不是谈论技巧，而是探索这整个生命，你的生命，好好照顾它吧！而那意味着不浪费你的生命。你有生的时间非常短暂，或许是十年，或许是五十年，但请不要浪费它。好好探索它，用你的生命去理解它。

摘自《会刊》1975 年第 27 期

探问友谊

加利福尼亚州，圣莫尼卡（未标注日期）

问：如果没有信任和尊重，那么真正的友谊是什么呢？

克：如果没有信任和尊重，你怎么能有友谊？我真的不知道！但是，你瞧，先生，首先你为什么想要朋友？是不是因为你想要依赖他、依靠他，想要有人陪伴？正是因为你的寂寞和不足，你才会靠别人来填补那空虚，所以你是在利用别人、剥削别人，以掩盖你自己的不足、你自己的空虚，并因此称那个人为朋友。那样的话——为了你自己的快乐、舒适等等而利用他——他还是朋友吗？仔细想想，先生，不要全盘接受我说的话。我们大多数人都是如此孤寂，年纪越大就感觉越孤独，并发现我们自己是如此空虚。

年轻的时候，这些事情不会发生在你身上。但是当你成熟起来——如果你真的成熟了的话——你自己就会发现空虚、寂寞和没有朋友究竟意味着什么，因为你过着肤浅的生活，依赖别人，剥削别人。你将自己的心、自己的感情投入到别人身上，当他们死去或者离开，你感觉如此寂寞、空虚：从那空虚中就产生了自怜，而你梦想能够找到什么人来填补那空虚。这就是我们的生活中每天都在发生着的事情。

那么，你能否看到并了解这一点？了解寂寞意味着什么，并且决不去逃避它。正视寂寞，并与它相处，明白它所蕴涵的意思，这样你从心理上、从内心里不再依赖任何人，然后你就会知道爱意味着什么。

摘自《会刊》1976 年第 30 期

美是什么?

问：我不知道美是什么。我甚至从未想过这个问题，直到听你谈起。我是个工程师，建造了很多大楼、桥梁和铁路。我曾在旷野中和树木稀少的乡村过着艰苦的生活。有一天散步的时候，你指出一棵树美丽的轮廓。我看着它，并重复着这些词语："多美啊！"但我的内心深处却什么都没有感觉到。我礼貌地附和你的话，但我真的不知道美是什么。有时候，对我来说一条笔直的铁轨似乎是美的，有时候我会赞叹一座跨越宽阔河流或者入海口的精美的现代桥梁。它们实用，应该是非常美的，但我并没有真的看到这一点。那些现代化喷气式飞机也是功能性的机器。当你向我指出这些，并说它们很美时，我隐约觉得它们不过是人类可以使用的东西，实在不懂你为什么对它们感到如此兴奋。路边那朵黄色的小花，完全没有带给我和你一样的感受。我敢说我非常鲁钝。你的心比我敏锐得多。我从没费神观察过我的感受或者培养它们。我有孩子，也有性乐趣，但是连那些也都已经变得乏味和沉重了。而现在我想知道，我是否无法享有那种你称为美的东西，是否以我的年纪我再也无法真正感受到它，无法看到这个世界、天空、树林和河流是美妙的东西。美是什么？

克：你说的是生命之美，还是肉眼看到的美，或者一首诗歌的美、音乐的美？也许这一切在你听来都相当多愁善感或者太过情绪化了，但数学中也有美，这你是知道的，那里有最高的秩序。那么生命中同样的秩序不也很美吗？

问：我不知道它美不美，但我确实知道我对自己的生活都做了些什么：我严苛地甚至是残酷地约束自己，这其中有某种痛苦的秩序。但也许你会说这根本不是秩序。我真的不知道美丽地活着意味着什么。事实上，除了与我的工作有关的一些机械性事务之外，我真的一无所知；通过与你的谈话，我发现自己的生活非常乏味，或者说我的心就是如此。所以，我如何才能清醒地意识到这份敏感、这份智慧？是它们使得生命对你而言变得极其美丽。

克：首先，先生，你需要通过看、触摸、观察和倾听来敏锐你的感觉，不仅仅倾听鸟儿的叫声、树叶的沙沙声，而且要留意你自己使用的词语、你心里的感受——无论多么细小和微不足道——你自己心里所有隐秘的暗示。倾听它们，不压抑它们，不控制它们，也不试图升华它们，只是倾听它们。对感觉的敏锐，并不意味着沉湎其中，也不意味着屈从于冲动或者抗拒那些冲动，而意味着仅仅去观察，心便始终是警觉的，就像你走在铁轨上一样，你也许会失去平衡，但很快又回到了轨道上。所以整个有机体变得有活力、敏感、智慧、平衡而警觉。

也许你认为身体根本不重要。我见过你吃东西，你吃东西的时候就像在填火炉。你也许喜欢食物的味道，但你在盘子里搅拌食物的方式也太机械、太漫不经心了。当你觉察到这一切，你的手指、你的眼睛、你的耳朵、你的身体，都变得敏感、有活力并且反应灵敏。这很容易做到。但更加困难的是，把头脑从机械的思维、感受和行为习惯中解放出来，是环境——你的妻子、孩子和工作——驱使头脑进入了这样的模式之中。这使头脑丧失了原本的弹性，不过更精微的观察方式则避免了这一点。这意味着如实地看到自己，而不试图去纠正自己或者改变你看到的，也不想从中逃避——只是如实地看到自己，因而头脑没有再次陷入另一系列的习惯之中。当这样一个头脑看到一朵花、一件衣服的颜色或者一片枯叶从树上落下时，它就能够生动地看到那片叶子落下时的运动以及那朵花的色彩。所以，头脑无论从外在还是内在都高度活跃、灵活和警觉，此时有一种敏感使得头脑变得智慧。行动中的敏感、智慧和自由就是生命之美。

问：好的。那么，一个人观察，变得非常敏感、非常警觉，然后怎么样呢？始终以惊奇之心看待最为平凡的事物，这就是全部了吗？我确信每个人都一直在这么做，起码在他们年轻的时候，这没什么可大惊小怪的。那又如何呢？在你谈到的这种观察之外，难道没有更进一步的阶段吗？

克：你以询问美开始了这次对话，你说感觉不到美。你还说你的生活中没有美，所以我们探究什么是美这个问题，不仅仅从语言上或者智力上探讨，而且去感受它内在深深的悸动。

问：是的，是这样的，但是在我问你的时候，我想知道有没有某种东西不仅限于你描述的那种敏感地看。

克：当然有，但是除非你拥有了观察的敏感性，否则无法看到无限伟大的东西。

问：所以很多人确实以高度的敏感性看事物。诗人带着强烈的感受去看，但是这一切之中似乎并没有任何突破，没有通往人们称之为神圣的无限伟大、无限美好的东西。因为我感觉无论是非常敏感还是相当迟钝，就像我一样，除非发生了通向某个截然不同的维度的某种突破，否则我们看到的只是各种深浅不一的灰色。在你说的通过观察得来的所有这些敏感性中，在我看来只有量的不同，只是细微的改善，而不是某种真正截然不同的东西。坦率地说，我对仅仅进步一点点的东西并不感兴趣。

克：那么你现在问的是什么呢？你是不是问如何打破这种单调乏味的灰色生活，进入某个截然不同的维度？

问：是的。真正的美必定不仅仅局限于诗人、艺术家、年轻人和警觉的心灵之美，当然，我并没有贬低这样的美的意思。

克：这真是你想追寻的东西吗？这真是你想要的东西吗？如果是，那么你的生命必须进行彻底的革命。这是你想要的吗？你想要一场革命击碎你所有的概念、你的价值观、你的道德、你的体面、你的知识吗？——击碎你，让你变得彻底的微不足道，于是你不再拥有任何个性，于是你不再是一个追寻者、一个评判者，无论激进与否，于是你彻底清空成其为你的一切？这种清空是极其朴素的美，其中没有丝毫严苛或者强硬的坚持。这就是突破的含义，而这是你所渴望的吗？这其中一定有一种惊人的智慧，它不是信息或者知识。这种智慧始终在运作，无论你是睡去还是醒来。这就是为什么我们说必须要有对外在和内心的观察，才能够敏锐头脑。而大脑的这种敏锐本身，就能够使它安静。正是这种敏感和智慧，使得思想只有在必要的时候才运作；其余的时间大脑并非处于休眠状态，而是警醒的安静。所以大脑及其反应并不会带来冲突。它毫不费力地运作，因而没有扭曲。此时做和行动是即刻发生的，就像你看到危险时那样迅速。所以，始终有一种摆脱了观念积累的自由。正是观察者、自我和"我"这些观念的积累，在分裂、抗拒和制造障碍。当"我"不存在，突破就不会存在，也就无所谓突破；那么整个生命就处于生活之美、关系之美中，没有一个意象去替代另一个意象。只有此时，那无限伟大者才成为可能。

摘自《会刊》1977 年第 32 期

从依恋中解脱

瑞士，萨能，1974 年 7 月 16 日

问：我明白依恋的含义，但尽管如此，我还是想问是不是有某种生物学上的依恋？动物王国中也有各种依恋。可以想象一下，由无数的人和家庭组成的人类，如果他们之间没有依恋，那会是什么样子？

克：等一下，先生。我们是对着千百万人在讲依恋，还是对着你在探讨依恋？你明白我的问题吗？因为那些人不关心这个问题。

印度、南美等地方千千万万的人并不关心这个问题。他们说："看在老天的份上，给我吃的、穿的和住的吧——我饿极了，我得了病。"而你说："你怎么能要求这千千万万的人对切身的苦难淡然处之？"你不能！但我们是在和你谈——对吗？请听一下这一点：如果在你的意识，也就是千千万万人的意识中，有了一种转变，那么这转变将影响千百万人。因此你就会有一种不同的教育、一个不同的社会，你明白吗？

当然，你依恋你的母亲。当你是个孩子的时候，你需要父母双亲来照料你；孩子需要完备的安全感，妥善的保护越多，他就越幸福。但是千百万人想要安全，他们以为从对他们的国家和他们的小房子的依附中

能够找到安全，这是他们的依恋。基督教徒愿意为了这种依恋与新教徒交战。而现在我们关注的是此刻坐在这个帐篷里的人们。如果我去与正在路上劳作的人们探讨的话，他们会说："请走开，我们需要的是来些啤酒。"我们是在与你探讨。你能否改变你意识的内容，在那种转变之中你就能够影响人类的意识？你看，千百年来，所谓的宗教都在对着个人宣讲，而你的意识已经接受了天主教或者新教的这种制约；而如果你认真对待你受到的制约的话，你就会以此为出发点开始探究，而你的意识也会影响整个世界的意识。现在我们说："在你意识的转变之中——意识的所有内容也随之转变——在那自由之中，你会拥有巨大的能量，那是智慧的精髓，如果你晓知整个人类的存在，那智慧将在所有领域中运作。"

看看正在发生的事情：所有人都需要衣服、食物和住所，但是这种需要被各种分裂——激进的、民族的、经济上的分裂，以及各个国家间的权力竞争——所阻断。一旦我们与某个知名的政治家或者内阁成员谈起这些，他就会说："我亲爱的人啊，那是不可能的，那是一个绝妙的理想，但是遥不可及；我喜欢你说的话，但是那不现实。我们得应对最紧急的事情。"你明白吗？最紧急的是他们的权力、他们的地位、他们的意识形态，而那是最不现实和最具破坏力的东西。你明白这一切。你的意思是不是说，如果世界上所有的政客走到一起说："看，忘记你的体制，忘记你的意识形态，忘记你的权力，让我们来关心人类的苦难，人类的需要——食物、衣服、住处"——你的意思是不是说我们无法解决这些问题？当然能解决。但是没有人愿意。每个人都只关心他自己最急迫的病痛和意识形态。

摘自《会刊》1977 年第 32 期

如果你就是世界

加利福尼亚州，欧亥，1980 年 5 月 13 日

问：如果你就是世界，那么走出这条洪流是什么意思，又是"谁"从中走出来呢？

克：我想知道，你是否认识到你就是世界——不是作为一个想法，也不是作为某种不切实际的呼吁，而是作为一个真切的事实——从心里、从内在，意识到你就是世界。在印度，他们有着相同的问题，痛苦、孤寂、死亡、焦虑和悲伤。无论你走到哪里，这是全人类常见的事实。

当你听到这个说法，即从心理上、从内在认为你就是世界，你是否会将它变成一个概念？抑或你真切地意识到这一点，就像有根针刺入你的大腿或者你的胳膊时那真实的疼痛一样？对此你无须抱有任何概念：事实就是这样，你会感到疼痛。所以，你是否真正意识到这个巨大的事实，感受到它是某种极其重要的、无限真实的东西？如果是这样，那么那个心理上的事实会影响心智、头脑——不是被民族或者家庭的担忧所围限的狭隘头脑——它将影响整个人类的大脑。当你意识到这一点，就会产生一种没有任何负担的伟大的责任感，是对与人类有关的一切事物

的一种无限的责任感，如何教育自己的孩子，如何行为处事，等等。如果你真正意识到了这种无限——它确实是无限的——那么那个作为"我"的特殊实体就会显得毫不重要；人类所有的琐碎忧虑都变得微不足道。

当你看到这个事实，当你的内心和头脑感受到它，你就会护卫整个大地；你想要保护一切，因为你负有责任。

提问者问：走出这条洪流是什么意思，又是"谁"从中走出来？这条洪流是所有人类不断的挣扎和苦难，这是我们所有人共同的立足点。如果摆脱了那一点，就没有"谁"从中走出来；心灵会变得截然不同。并非"我走了出来"，而是心灵不再受困在那洪流之中。

如果你依恋，并且终结了依恋，那么截然不同的事情就会发生。当你意识到这个巨大的事实，了解我们是整个人类，你的整个生活就会有一种截然不同的品质、一个截然不同的基调。

摘自《会刊》1981 年第 40 期

攻击性

加利福尼亚州，欧亥，1980 年 5 月 15 日

问：在没有观察者的观察中，是否有一种来自与事实同在的转变，会导致关注的增强？从中产生的能量有方向吗？

克：不幸的是，这些问题与实际生活无关。并不是说你不应该提出这些问题，而是说它们是否真正关系到了你的日常生活。像这样的问题是理论上的、抽象的，是你曾经听说的。为什么不正视你的生活，并弄清楚你为什么这样生活，你为什么忧虑，你的头脑为什么永远喋喋不休，你为什么与别人没有正确的关系，你为什么残忍，你的心为什么如此狭隘，你为什么神经质？显然，你从不去处理影响你日常生活的问题。我想知道为什么？如果你问出一个深刻影响你生活的真正真诚的问题，那个问题就会具有更大的生命力。

所以，我来问一个问题：为什么我们，我们每一个人都像现在这样生活、嗑药、饮酒、吸烟、追求快乐并富于攻击性？在我们所生活的整个社会中，攻击是最重要的事情之一，还有竞争——它们比肩而行。在交配季节，你可以从动物身上看到攻击。但是在其他时候，它们并不竞争。

一头狮子杀死一匹斑马，其他的狮子会来分食。但是对我们来说，显然，争斗是最根深蒂固的事情。

我们为什么竞争？是这个社会、是我们的教育的错吗？不要为此责怪社会，社会是我们造就的。而如果你不具有竞争性、不好争斗，那么你就会被这个社会踩在脚下、被抛弃、被看不起。

我们变得具有攻击性，是不是因为对个人自由的强调？而这种自由要求你必须不惜一切代价来表现自己，特别是在西方。有一种信念认为，如果你想做什么，就去做，不要克制，不要审视，那不重要；如果你有某种冲动，你就必须行动。你能看到攻击的后果。你争强好胜，与别人竞争同一份工作，竞争这个、那个或者别的，从心理上和肉体上一直与他人作战。

这就是传承下来的模式，社会教育的一部分。而要打破这种模式，据说你必须运用意志力。运用意志力是另一种形式的"我必须"，另一种形式的攻击。你有攻击性，而这是你从孩童时代就被父母、教育和社会塑造的，从周围都具有攻击性的男孩们身上习得的。而你喜欢这些，因为这能带来快乐，你接受了它，所以你也变得有攻击性。当你长大成人，有人向你展示攻击的本质——它在社会中所起的作用，竞争是如何摧毁人类的。并非只有讲话者这么认为，科学家们也开始这么说了——所以或许你会接受科学家们说的话。竞争和不停进行比较的原因、由来和破坏性，已经给你详细地解释过了。那么根本不比较的心是一颗截然不同的心，它具有更大的活力。

所有这一切都解释给你听了，而你却继续保持攻击性、竞争性，把自己与别人比较，总是奋力以求更伟大的东西——不是更小的，而是总想要更大的东西。所以就有了这种既定的模式和框架，心灵便被困在其中。

你听到了这些，说："我必须出来，我必须对此做点什么。"

这又是另一种形式的攻击。所以，你能否对攻击有一种洞察？不是记起它的各种含义，那意味着不停地研究、得出结论并根据那个结论去行动——那不是洞察。但是，如果你对攻击有一种即刻的洞察，那么你就已经打破了攻击的整个模式。

所以，你会对你的生活方式——不停地参加集会、与哲学家和最前沿的心理学家讨论——做些什么呢？你从来不说："看，我是这样的，让我来弄清楚为什么。人为什么会有伤害、会有心理上的挫折？人为什么带着它们生活？"

但是，听克里希那穆提的讲话听了五十年甚至更久，并且把这些话都铭记在心的人，不必引用我说的话，不要引用，你自己去弄清楚，那样会有更大的能量，你会变得更有活力。

摘自《会刊》1981 年第 40 期

意志和欲望

瑞士，萨能，1980 年 7 月 23 日

问：如果没有欲望和意志的运作，人如何才能沿着自我认识的方向前进？改变的迫切愿望难道不是欲望运动的一部分吗？怎样才算迈出第一步？

克：若要理解这个问题，不是仅仅肤浅地理解，而是要深刻地理解，你就必须了解欲望和意志的本质，还有自我认识的本质。提问者问：如果人没有渴望，即欲望和意志的一部分，在对自我的了解之中怎么会有自发自觉的绽放？

欲望与意志有着怎样的关系？欲望是怎么形成的？首先有视觉和触摸的感受；然后思想从那些感受中制造出意象来，欲望就产生了。当你看到商店橱窗里的某件衬衫或者某条裙子的时候，你自己就会发现这一点；当进入商店，触摸布料的时候触觉感受就被唤起，然后思想说："有那条裙子该多好啊！"思想描画出裙子穿在身上的形象，在那一刻欲望就产生了。这就是整个活动过程：看到、触摸、感受——非常自然、健康——然后思想占据了感受，制造出意象，于是欲望产生。意志是欲望

的总和、欲望的强化，是想要表达、达成自身欲求和获取的渴望；这是被意志力加强了的欲望在运作。

所以欲望和意志并肩而行。发问者又问："如果没有欲望或意志，人为什么还要追求自我认识呢？"什么是自我认识？我们先来探讨一下这点。古代希腊人和印度人谈论过认识自我。了解自己，意味着什么呢？人究竟能否认识自己？显然，那个需要认识的自我是什么？"认识"这个词又是什么意思呢？我"认识"格施塔德[①]，因为我二十二年前就来过这里。我认识你，因为我二十年前或者更久以前就在这里见过你。当你说"我知道"，你的意思不仅仅是认出来，还有记起了脸庞和名字。其中有一种联想："我昨天见过你，今天我认出了你。"这是记忆在运作。所以当你说"我知道"，那是过去在此时表达着它自己。你去上学、上大学，并且获得了大量的知识。然后你说"我是个化学家或者物理学家"，或者这个、那个。所以，当你说你必须认识自己，你是全新地去认识自己呢，还是从已获得的知识库里去了解？你看到其中的不同了吗？

我想认识自己。我也许学过心理学，或者去看过精神治疗师，或者曾经读书破万卷。我是通过那些知识来着手了解自己的吗？抑或我也可以不动用我之前关于自己的知识积累来认识自己。当我说"我必须认识自己"，我难道不是已经用过去的知识武装了自己吗，而这些知识左右着我如何去观察自己？如果你想仔细地探究这个问题，理解这一点是非常重要的。所以，你带着以前对自己的认识，用那些知识去了解自己——这很荒谬。所以，你能否抛开从别人——弗洛伊德、荣格、现代心理学家——那里获取的对自己的一切了解，全新地去看自己？

---

① 格施塔德：萨能附近的旅游胜地，当时克里希那穆提就住在那里。

现在提问者问：在观察自己时，欲望和意志是不是必需的？看看会发生什么。你通过别人，而非通过你实际上如何，获得了对自己的认识。你看到其中的差别了吗？我所获得的认识与"现状"之间存在矛盾。而要克服这种矛盾，你需要运用意志力。你也许去找过最前沿的精神治疗师，他给了你某些关于自我的知识；你把那些知识带回家，但发现这与你实际上的样子有出入。然后冲突就开始了：需要调整"别人所说"的那个我，去适应"实际上"的我。为了克服那个冲突，压抑它或者接受它，就产生了欲望和意志。

那么，意志和欲望究竟是否必要？难道不是只有当你需要让自己去适应某个模式、某个"善"的模式时，它们才会形成吗？然后去克服和控制，这些冲突和挣扎不就开始了吗？

你是一个追寻者，你在质询，所以你彻底摒弃由他人提供的关于自我的所有信息。你会这么做吗？你不会，因为接受权威要安全多了。然后你就觉得安全了。但是，如果你确实彻底摒弃了一切权威，你如何观察自我的活动呢？因为自我不是静止的，它在动着、活跃着、行动着。你如何观察某种极度活跃的、充满了渴望、欲求、野心、贪婪和浪漫主义的东西？也就是说，你如何观察自我的活动及其所有的欲望和恐惧，却不带着从别人那里获得的知识，或者你在审视自己的过程中获得的认识？

自我的活动之一是贪婪。那么，当你使用"贪婪"这个词时，你就已经把贪婪这个反应、这个反射与以前对这种反应的记忆联系到了一起。你用"贪婪"这个词来确认那个感受，来认出它，而认知发生的那一刻，那个感受就已经被强化了，并且被带回到记忆中。所以，你能否看着那个感受、那个反应却不想着"贪婪"这个词，因此也没有以前对它的那种熟知感？你能否看着那个反应，却没有丝毫识别活动发生？

那么，你能否观察自己，而没有任何方向、不做任何比较进而不带任何动机？也就是每一次都全新地去了解自己。如果你非常认真地探索这个问题，你会发现这不是一个一点点、一步步的事情，而是即刻看到真相，即一旦有识别活动发生，你就根本没有在了解自己。做到这一点，需要大量的注意力，而我们大部分人是如此松懈、如此懒惰；我们有各种各样我们应该如何或者不应该如何的想法，所以我们着手这个问题时，带着沉重的负担，所以永远无法认识自己。

换句话说，我们就像其他所有人一样，全世界的人类都受苦，经历着无比深重的痛苦、不确定性和悲伤。所以，从心理上，你和其他人类一样——你就是人类。于是就有了这个问题：你意识的内容、你对自己的所有认识，也就是人类的意识能否消除？长久以来你受制于这样一个观点，即你是一个个体，心理上不同于别人——而这并非事实——当你说"我必须认识自己"，你就是在说"我必须认识我的小细胞"——而当你研究那个小细胞时，它什么也不是。而真相是，你就是人类，你就是其他人类。探究人类心灵这个极其复杂的综合体，就是去阅读你自己的故事。你就是历史，如果你知道如何去读这本书，你就开始踏上了发现自我的本质、这个意识的本质——这个意识就是全人类的意识——之旅。

摘自《会刊》1981 年春夏第 40 期

无须知识之处

瑞士，萨能，1981 年 7 月 29 日

问：在必须保有的知识和应当抛弃的知识之间，如何画出分界线？做出这个决定的主体是什么？

克：提问者问，保有成为一名工程师、一个木匠或者水管工所需要的知识，与记录个人知识、个人伤害和个人野心，这两者之间的界线在哪里划分，很显然，我们把伤害的结果连同知识一起保留了下来。所以，你在哪里画出两者间的界线？提问者又问，做出这个决定的主体是什么？

你有没有看到这个问题中包含着一个非常重要的因素——我们多么依赖决定？我会决定去这里，而不是那里。决定以什么为基础？仔细审视一下快乐这个问题——我过去的知识、过去的快乐或者过去的痛苦，过去对事情的记忆，告诉我"不要再那么做了"或者"要这么做"。也就是说，决定中有意志的成分。意志是累积的、集中的欲望形式，对吗？欲望说"我必须那么做"，但是我称之为"意志"。我们已经探讨过欲望的问题，所以我现在不会讲这个问题。我们说意志是决定过程中一个重

要因素，而我们正受制于这个"意志影响决定"的传统。我们在质疑那个行为，因为意志本质上就是欲望，意志是一个分裂性的因素：有想获得成功的意志，有想去做某件事的意志，但我的妻子反对，我和非我，等等之间就产生了分裂。

所以，是否有一种生活方式——请听清楚这一点——根本没有意志的运作？一种生活方式，其中没有冲突，因为显然只要行使意志，冲突就会存在。现在我们来弄清楚这是否可能。

提问者问：人要如何划分积累技术行为所需的知识，和心智不应记录的知识之间的界线？不记录我的伤害、侮辱、奉承、欺凌以及诸如此类的一切。如何在两者之间划分界线？你并不画出界线。一旦你画出界线，你就制造了分裂，因此就形成了记录还是不记录的冲突。于是你问："我怎样才能不记录？"我个人受到了侮辱，我如何才能不去记录那侮辱或者奉承——它们是一回事，奉承和侮辱就像同一个硬币的两面。在技术的领域中，我必须记录，而当你侮辱了我，我的大脑马上记录了下来。我为什么要记录这个？为什么那个侮辱被日复一日地背负着？因为那个侮辱，当我再见到你，我就会报复。

那么，有没有可能根本不去记录任何心理上的知识？你明白我的问题吗？我的妻子——如果我有的话，当我从办公室疲惫地回到家里时，她说了一些过分的话，因为她照看着吵闹不堪的孩子们，她自己也度过了非常劳累的一天，又累又烦，所以她说了一些很激烈的话。因为我很累，我想要在家中得到些许安宁，所以我马上把这件事记录了下来。现在我要问的是有没有可能不记录那件事？否则我就建立了一个关于她的形象，她也建立起关于我的一个形象，我们夫妻的关系便变成了形象之间的关系，而不是我们自身之间的关系。所以有没有可能不去记录？记录过程加强了"我"这个中心，赋予了它生命力。显然，只有当妻子或者我出言不逊的那一刻，无论我或妻子多么劳累，都能够全然关注，才有可能不记录。正如那天我们就冥想解释过的那样，只要有关注，就没有记录。

所以请看清楚其中的真相：在某个层面上你需要知识，而在另一个层面上你根本不需要知识。看清楚其中的真理——它会带给你何等的自由啊！那是真正的自由。对吗？如果你能洞察这一点，你就不会划分界线或者做出决定，你就不会记录。

摘自《会刊》1983 年第 45 期

不要寻求帮助

瑞士，萨能，1981 年 8 月 30 日

问：我去亚洲学习过，和那儿的人讨论过，我曾试图识穿宗教的肤浅，想看到我从骨子里感受到的东西——尽管我是个理性的人——但是我感觉到有某种极其神秘和神圣的东西存在。但是我似乎无法领会它。你能帮帮我吗？

克：那得看你曾经试图跟谁讨论这个问题。我们要继续这个问题吗？

我想知道你究竟为什么去亚洲——除非你去做贸易。也许那些为了宗教目的去那儿的人，也是去做交易——你给我点东西，我也会给你点东西。真理在那里而不在这里吗？真理是要通过别人、通过古鲁、通过道路和体系、通过先知和救主找到的吗？还是真理根本无路可循？

印度有个绝妙的故事，说一个男孩离家去寻找真理。他去找了各种各样的老师，走遍了国家的许多地方，不停地走，每个老师都非常肯定地告诉他这个或者那个。多年之后，他回到自己家中的时候已经变成了一个老人，历经了无数的探索、询问和冥想，尝试过某些姿势、正确的呼吸方式、苦行、禁欲以及诸如此类的一切。最后他回到了自己的老房子。

当他打开门的时候，真理就在那儿！你明白吗？你也许会说："要是他没有走这一大圈的话，真理就不会出现在他家。"这是个狡辩的说法，但是如果你没有从故事中领悟到真理是无法追求的，你就错过了这个故事的美。真理不是某种要去获得、去经历、去掌握的东西。对于能看见它的人来说，它就在那儿。但是因为我们大部分人永远在不停地寻找，从一种时尚转向另一种时尚，从一种刺激转向另一种刺激，还有不断地奉献牺牲——你知道接下来发生的所有荒唐的事情——我们以为时间能帮助我们发现真理。但时间无法做到这一点。

那么问题是：我是个理性的人，但我感觉某种极其神秘的东西是存在的，而我不能领会它。我能理解它，我能从逻辑上弄懂它，但是我无法在我的内心、我的头脑、我的眼睛、我的笑容里拥有它。于是，提问者说："帮帮我。"恕我直言，不要向任何人寻求帮助，因为整个奥秘、所有的艰辛努力就在你身上——如果有所谓的奥秘的话。人类曾经争取过，寻找过，曾经发现并作为幻象抛弃的一切，所有这些都是你意识的一部分。如果你寻求帮助——我是用极其尊敬的态度指出，而不是冷嘲热讽——如果你寻求帮助，那么你就是在向外寻找、向别人要求。你怎么知道别人拥有真理的品质呢？你永远不会知道他有没有，除非你自己拥有它。

所以首要的是——我是带着深切的爱和关怀说这些的——请不要寻求帮助。而如果你寻找帮助的话，牧师、古鲁、诠释者，他们所有人都会向你灌输他们的一大套理论，让你窒息。但是，如果你去看这个问题，就会发现问题就是这样：人类世世代代都在寻求神圣的东西，寻找没有被时间、被思想的痛苦所腐败的东西；人们寻找过了、向往过了；为了寻求它，人们牺牲奉献、从肉体上折磨自己，苦行数周，但还是没有找到。于是有人走过来说："我来指给你看，我来帮助你。"然后你就迷失了。如果你问是否有极其奥妙、神圣的东西存在，那么奥秘就只是作为一个概念存在，但如果你揭开了它、发现了它，那么它就再也不是奥秘了。真理不是奥秘，它是远远超越所有奥秘概念的东西。

那么，我该怎么办？我是个普通人，我会笑，我会流泪，但我是个认真的人。我已经探索过宗教的所有方面，我认识到它们的肤浅，认识到古鲁、教堂、寺庙、传教士的肤浅。如果我看到了它们其中之一事实上具有的肤浅性，那我就看清了它们全部。我不必对它们每一个都详细探究一番。那我该怎么办？有什么事情要做吗？谁是做事的人？又要做什么事？请一步步地跟上所有这些，如果你感兴趣的话。你能否抛弃你所有的肤浅，连同你的花环、画像以及所有这些荒唐的事物？你能否把这一切都抛弃，并独立于世？因为你必须独自一人。"独自"这个词，意味着"只有你自己"。孤独是一回事，独自一人是另一回事。孤独里包含了寂寞的性质。你可以一个人在森林里散步，孑然独立，或者你也可以在森林里散步却感觉自己很孤独。那孤独的感觉跟你孑然独立的感觉完全不同。那么我该怎么办？我冥想过了，我追随过不同的体系，练习过，并认识到了它们的肤浅。

我得跟你讲讲这个故事，如果你不介意的话。我们在孟买给一大群人讲话，第二天有个人来见讲话者。他是个老人，白头发，白胡须，他给我讲了下面的故事。

他曾是印度重要的法官之一，一个公正的裁决人，身居高位，有家庭和孩子，德高望重，等等。有一天早上他对自己说："我审判别人，包括罪犯、骗子、强盗、挪用公款者、商人和政客，但是我不知道真理是什么。如果我不知道真理是什么，我怎么能做出判决呢？"所以他退隐了，从家庭中退出，进入到森林里去冥想。这是印度的古老传统之一，今天依然备受推崇，即，如果一个人宣布弃世修行，那么无论他在印度的什么地方流浪，他必须被供给衣食，并且备受尊重。虽然这不是一个有组织的僧侣社会。他独自一人，退隐到森林里，他告诉我说他冥想了二十五年。如今，在听了讲话者前一晚的讲话之后，他说："我来是要跟你说，我是多么深地催眠了自己，在这种催眠中我是如何欺骗了自己。"对于一个冥想了二十五年的人来说，承认他欺骗了自己——你明白承认这一点的一个人具有怎样的品质吗？

所以我到了这里，我认真，有一定的闲暇，不追随任何人——因为如果你追随任何人，那么事情就结束了。请看清这一点。你对永恒的探索就结束了。你必须完完全全做自己的光。我认识到了这一点，所以我不追随任何人、任何崇拜、任何仪式，但是那永恒还在躲避我。它不在我的呼吸里，不在我的眼睛里，不在我的心里。那么我该怎么办？

首先，头脑能不能摆脱"我"这个中心？你明白我的问题吗？我的头脑能否从我自己、自我中解脱出来？无论这个自我是超自我还是超超自我，它依然是自我。简而言之，自私可否全然消失？自我中心是非常狡猾的——它能自认为脱离了所有自私，也可以假装完全不再关心它自身的存在和它自己想要成为什么的行为，但是非常隐蔽地、深深地，它还会伸出触角来。所以你得自己去发现是否可能完全从所有自私中彻底解脱出来，自私就是自我中心的活动。这就是冥想——去发现一种生活在这个世界上的方式，其中没有自私、自我中心、自我本位的行为、自我中心的行动。如果有一丝这样的阴影，有丝毫此类的活动，那么你就迷失了。所以你必须对思想的每个运动都极其清楚。

这很容易，别弄复杂了。你生气的时候，有一瞬间你甚至都不知道有那种感受。但是当你检视它，你能观察到脾气的出现，贪婪、嫉妒、野心和攻击性的出现。在它出现的时候看着它——不是在它结束之后——你明白吗？当它出现时，你看着它，它就萎缩消失了。所以头脑能够觉察到思想的出现，而这样的觉察就是注意力。不要去熄灭它、破坏它、打消它，而仅仅是觉察那感觉。饥饿感或者性感觉产生的时候你难道会不知道？显然你知道。在它出现的时候彻底觉察它的存在，而随着觉察，随着对"我"的运动的关注，我的欲望、我的野心、我自我中心的追求，就枯萎了。觉察是绝对必要的，这样才能完全没有一丝一毫的"我"，因为"我"具有分裂性。这些我们都探讨过了。所以这是你首先要了解的事情——而不是控制身体，采用特别的呼吸法和做瑜伽——完全摒弃那些东西，你就拥有了一个不是部分地而是整体地行动的头脑。

前两天我们指出过，我们并没有运用我们所有的知觉来运作，而只是局部地运作。这种偏颇，这种狭隘，增强了自我。我不会再详细探讨这些了，你自己就能弄明白。当你用你所有的知觉观察山脉、树木、河流、蓝天和你爱的人时，那时候没有自我。没有一个"我"在感受这一切，这意味着头脑不是作为一个牙医、一个学者、一个劳工或者一个天文学家在运作，而是作为一个整体在运作。这只有在头脑彻底安静的时候才能发生，所以没有一丝自我的影子，只有心灵的绝对寂静——不是空无，这个词传达的意思不对。大部分人的头脑无论如何都是空的！而只有没有被任何事情包括上帝所占据的头脑，才是安静的、充满活力的，那样的头脑才能够强烈地感受深沉的爱和浩瀚的慈悲感，那就是智慧。

摘自《会刊》1984 年第 47 期

克里希那穆提学校的目标

英国，布洛克伍德公园，1981 年 9 月 1 日

问：你常说没有人能指出通往真理的途径。然而你的学校据说要帮助它们的成员去了解自己。这不是自相矛盾吗？这难道不是制造了一种精英气氛吗？

克：讲话者说过真理无路可循，没有人能带领他人走向真理。在过去的六十年里，他经常重复这句话。在其他人的帮助下，讲话者在印度、这里和美国成立了几所学校。有人问，当你说所有这些学校里的老师和学生，试着去了解他们自己的局限，不仅仅从学术上教育自己，更从了解自身的所有制约、所有天性和整个心智这些方面教育自己，你这么说不是自相矛盾吗？我不太看得出有什么矛盾之处。

从古希腊和古印度时代开始，学校就是学习的地方。在闲暇的时候学习。请与我一起深入探索这个问题。如果你没有余暇——即你没有倾听他人和探究的时间——你就无法学习。这样的地方就是学校。遍及全世界的现代学校仅仅是在培养大脑的一部分，忙于获取知识、技术、科学、生物学、神学以及诸如此类的东西。它们只关心培养大脑某个特定的部

分，去获得大量的、外部的知识。那些知识若得以娴熟地运用，可以用来谋生，不过运用得熟不熟练，取决于具体的人。这样的学校存在了几千年。

而在克里希那穆提学校里，我们尝试的是截然不同的教育。我们不仅仅尝试通过教育让学生在学业上达到"优"或"良"的水平，而且也尝试培育学生对人类的整个心理结构的了解和探究。来到克里希那穆提学校的学生已然受到了制约，所以困难从一开始就有了。你不仅需要从总体上帮助他们解除制约，而且还要向更深层次探索。这就是与我们关系密切的这些学校试图去做的。它们也许会成功，也许不会。但因为这是一项艰巨的任务，你必须去尝试，而不是始终沿着最简单易行的道路前进。要去探索这些，是一项困难的课题，但它并不是在制造精英。但即使在制造精英又有什么问题呢？你想把所有人、所有事情都拉下来做公分母吗？那正是所谓民主制的弊病之一。

所以，在我看来并没有什么矛盾。只有当你此时坚持某事，却在彼时反其道而行之时，矛盾才会存在。但我们在这里说，没有人能带领你到达真理之境，得到启迪，没有人能将你引向正确的冥想和恰当的行为，因为我们每个人都要对自己负责，完全不依赖任何人。我们在所有这些学校里，尝试去培养完整的心灵和头脑，让它们获得在这个世界上生存所需要的知识，但不能忽视人类的心理本质，因为这比学业生涯重要得多。拥有在当今世界、当前文明中——无论那是怎样的一种文明——谋生的能力，显然是必需的，而东西方的大部分学校都忽略了教育的另一方面，那是一个更为深远和重要的方面。但是在这里，我们试着两方面都去做，这是其他学校没有做到的事情。我们也许会成功，我们希望如此，但也许会失败。这就是我们想做的事情，前后并不矛盾。

摘自《会刊》1984 年第 46 期

与社会抗衡

印度，马德拉斯，1981 年

问：你在第一次讲话中，谈到了奋起抗衡这个腐败和堕落的社会，就像一块兀立于河流中央的岩石那样。我发现这相当令人费解，因为岩石对我来说意味着做一个局外人，而这样一个局外人在他自己的生活中并不需要站起来反对任何事情或者任何人。你的澄清和回答对我来说很重要。

克：首先，我们是否清楚，我们是在哪个层次、哪个深度上使用"腐败"这个词？它的含义是什么？有物理上的腐败——城市中、乡镇中的空气污染；海洋破坏、人类杀害了五千万头或者更多的鲸鱼，目前还在残杀海豹幼崽；还有政治上和宗教上等的腐败。当你四处周游，观察整个世界，与人们交谈，你会发现腐败无处不在，不幸的是，这里的情况更加严重——暗地里收受贿赂。即使你想买张票，你也得行贿。"腐败"这个词的意思是破碎、分解。但无处不在的腐败，从根本上说是头脑和内心的腐败。所以我们必须清楚，我们是在谈论财政、官僚和政治腐败，还是在说宗教界的腐败，宗教包裹在各种各样的迷信之中——那只不过是一堆失去了意义的词语、重复的仪式以及诸如此类的一切。那些难道不是腐败吗？难道理想不也是一种腐败的形式吗？你也许有某些理想，比如非暴力的理想，但是当你追求这些理想时，你就是暴力的。所以，无视终结暴力的行动，这难道不是头脑的一种腐败吗？当爱根本不存在，只有快乐（即痛苦），这难道不是腐败吗？遍及全世界，"爱"这个词负载沉重，总与快乐、焦虑、嫉妒、依恋联系在一起，这难道不腐败吗？依恋本身不是腐败吗？当你依恋某个理想、某栋房子或者某个人，后果就相当明显——嫉妒、焦虑、占有，还有更多类似的一切。当你审视依恋，它难道不是腐败吗？

至于你问到的像块岩石一样屹立于河流中央的比喻，不要对那个比喻做过多的引申。比喻是对正在发生的事情的一种描述，但是如果你把比喻看得太重，那么你就错失了实际上正在发生之事的意义。

我们所生活的社会，本质上基于彼此之间的关系。如果那种关系中没有爱，只有各种方式的互相利用、互相慰藉，那么就不可避免地会招致腐败。所以，对于这一切，你会做什么呢？这是一个壮丽的世界——世界之美，地球之美，树木所具有的那种非凡的品质——而我们正在破坏这个地球，就像我们正在摧毁自己一样。所以，作为生活在这里的人类一员，你将如何行动？我们，我们每一个人，能不能确保我们不腐败？如果我们彼此之间的关系是破坏性的，是不停的征战、斗争、努力和绝望，那么我们就不可避免地会创造出一个与我们自身实际状况如出一辙的环境。所以，我们每一个人对此将做些什么呢？这种腐败、这种正直的缺乏是一个抽象的概念，是一个观念呢，还是它就是现状，是我们想要改变的一个事实？这取决于你。

问：有转变这回事吗？被转变的是什么？

克：当你观察时，看到马路上的灰尘，看到政客们的所作所为，看到你自己对待妻子、孩子的态度等等，转变就在那里。你明白吗？在日常生活中带来某种秩序，那就是转变；那并不是什么非同寻常的、远离这个世界之外的事情。当你没有清晰地、客观地、理性地思考时，你即刻觉察到那一点，并改变它、打破它，这就是转变。如果你嫉妒，看着它，不要给嫉妒时间开花结果，立刻改变它，这就是转变。当你贪婪、凶暴、野心勃勃，想成为某种圣人时，请看清这些东西创造了一个怎样毫无意义的世界。我不知道你是否意识到了这些。竞争在摧毁这个世界。这个世界的竞争性正变得愈演愈烈，世界变得越来越具有攻击性。如果你立刻改变这些，那就是转变。如果你更深入地探索这个问题，显而易见是思想否定了爱。所以你需要去发现思想能否终结、时间能否终结，而不是将其哲理化并讨论它，而是去弄清楚。实际上那就是转变。如果你深入探索这个问题，转变就意味着没有丝毫"成为什么"和比较的想法；意味着彻底地一无所是。

问：我认为圣人们创造出偶像和故事，来教化人们如何去过美好和正确的生活。你怎么能称之为无稽之谈呢？

克：这个问题需要回答吗？首先谁是圣人——奋力想成为什么的人吗？弃世的人吗？他并没有放弃这个世界，世界就是他自己。他也许愤怒并控制住了自己的怒气，但是内心像开了锅一样；他也许折磨自己，他也许有些轻微的神经质，于是你很快就开始崇拜他。在贝拿勒斯，有一天，有个穿袍子的印度托钵僧来到这里，坐在一棵树下，手里拿着一根拐杖，开始在那里大喊大叫。四五天过去了，没人注意他。讲话者从他在拉杰加特①的房子窗户里看到了这一切。然后有个老太太过来给了他一朵花。几天后，有六个人围着他，他有了一个花环。两周后他变成了一个圣人。不知道你是否明白这个故事的含义。在西方，一个神智轻度错乱的人会被送进精神病院，而在这里他变成了一个圣人。我不是在讽刺说笑，也不是傲慢无礼，这就是正在发生的事实。修行者不再是一个修行者，他只不过是在奉行传统。而圣人们通过他们的故事、偶像和理想，是否创造了一个不同的世界、一个美好的社会、一个善良的人类？你是这一切的产物。我们是善良的人吗？善良的意思是完整、不分裂、不破碎——善良也意味着神圣。我指的不是善行、保持友好，那只是其中的一部分。善良意味着做一个不破碎、不分裂、和谐的人。在有了这些圣人、《奥义书》②和《薄伽梵歌》③的数千年之后，我们是那样的人类了吗？抑或我们还是跟其他所有人一样？我们就是人类。善良不是追随，善良是能够了解生活的整体运动。

问：你说如果一个个人改变了，他就能够改变世界。尽管你有真诚、爱和真理性的论述，以及那无法言表的力量，世界还是变得越来越糟了，我可以这么说吗？有天命这回事吗？

克：世界是什么？个人又是什么？个人在这个世界上做了什么，影响着这个世界？毛泽东影响了，斯大林影响了，列宁也影响了世界。这似乎是显而易见的事实。历史写满了战争。过去五千年的历史记录了世

---

① 拉杰加特：临近贝拿勒斯。

② 《奥义书》：印度教古代吠陀教义的思辨作品，为后世各派印度哲学所依据。——译者注

③ 《薄伽梵歌》：印度教经籍、瑜伽经典，是印度史诗《摩诃婆罗多》第六篇的一部分。——译者注

界上各个地方连年不断的战争，这殃及了千百万的人。善良的人也影响了世界。佛陀也影响了人类，他影响了整个东方人类的心灵。所以，当我们谈论个人的改变，问个人的改变能否带来社会的任何转变时，我想这是提出了一个错误的问题。我们实际上真的关心社会——这个腐败、堕落、基于竞争和无情的社会——的转变吗？这是我们生活在其中的社会。作为一个人，我们对它的改变真的有深深的兴趣吗？如果你有兴趣，那么你就得探究什么是社会。社会是一个单词、一个抽象的概念，还是一个事实？人类的关系就是社会。人类的关系包括了社会所有的复杂性、制约和仇恨，你能完全改变这种关系吗？你可以的，你可以停止自己的残忍，那一切就都会随之而去。你的关系如何，你的环境就如何。如果你的关系是强烈的占有式的和以自我为中心的，你就会在自己周围创造出具有同样破坏性的东西。所以，那个个人是你，而你就是其他人类。我不知道你是否领悟到了这一点。

问：你经常在心灵 (mind) 和头脑 (brain) 这两个词之间互相转换。它们两者有什么不同吗？如果有，心灵是什么？

克：恐怕这只是一种口误。我说的只是头脑。提问者想知道心灵是什么。心灵不同于头脑？心灵是某种未被头脑触及的东西吗？心灵不是时间的产物吗？首先，若要理解心灵是什么，我们必须非常清楚我们的大脑是如何运作的，不是根据大脑专家，不是根据神经学家，也不是参照对老鼠和鸽子等动物的大脑做了大量研究的专家；我们每一个人要探究的是我们自己的大脑的本质——我们如何思考，我们想些什么，我们如何行动，我们的行为如何，我们最直接的自动反应是什么。我们清楚这些吗？我们是否明白，我们的思想极其严重地局限于一个狭隘的窠臼中，我们的思想沿着某种特定的行为倾向机械地活动着，我们的教育被为某种职业生涯服务的学习所制约？科学家们现在说思想，也就是经验、知识、记忆和行为，是大脑的精髓所在。事实上，他们正要得出这样的结论！我们一直不停地说思想是一个物质过程。思想毫无神圣之处，无论思想制造出什么，无论是在机械方面、在理念方面，还是投射出一个未来，希望实现某种幸福或和平，这些都是思想的活动。当你去寺庙朝拜，那只不过是一个物质过程而已。我们是否意识到了这一点？你也许不喜欢听到这些话，但这是事实。寺庙、清真寺和教堂的建筑，以及放置在建筑物中的一切，都是思想的产物。我们是否真正意识到了这一点，因而转向一个截然不同的方向？

当你接受了传统，它将你的头脑变得极其迟钝、愚蠢，尽管你也许读过无数遍《薄伽梵歌》。你抱守着传统——这就是东西方都在上演着的事。你能不能在你自己身上停止这一切，还是你太过迟钝、太习惯于混乱和痛苦了？所以，我们需要非常清楚地了解大脑的活动，也就是我们意识的行为，我们所处的心理世界的活动。所有那些——大脑、意识、心理世界，都是一回事。你对此表示质疑吗？可能你甚至从没想过这个问题。了解头脑是什么，了解思想有哪些活动，这很重要；是这些活动制造了我们的意识和我们所处的心理世界的内容。它是思想的一部分，是思想在人类身上建造的结构，"我"和"非我"，"我们"和"他们"，人与人之间的争吵和战斗。而大脑通过时间得到了进化，通过数百万年的进化，积累了知识、经验、记忆等等。大脑是时间的产物，这是毋庸置疑的。而爱、慈悲及其智慧，是思想的结果和活动吗？你明白我的问题吗，先生？你能培育爱吗？

问：我是学会计学的学生。尽管我理解克里希那穆提说的每一个单词、每一句话，但是他传达的讯息依然是模糊不清的。为了充分理解他的讯息，我该怎么办？

克：不要去理解他的讯息！他并没有带来什么讯息。他指出的是你的生活，而不是他的生活，也不是他的讯息。他指出的是你如何生活，你的日常生活是怎样的。人们总不愿意去面对这一点，我们不愿意深入我们的悲伤、我们的痛苦、焦虑和孤寂、我们经历的沮丧，想要成就、变成什么的欲望。我们不愿意面对那一切，而是想被别人，包括讲话者所引领，想理解《薄伽梵歌》或者别的什么荒谬典籍里传达的讯息。讲话者一次又一次地说过，他只是作为一面镜子，从中你可以看到自己的活动。而若要非常仔细地看，你需要付出注意力。如果你感兴趣，你需要倾听，倾听并发现聆听的艺术、看的艺术。只需要阅读你自己这本书，这就是全部了。人类这本书就是你。先生，请看到这一切的真实性。你不愿意读这本书，你想让别人给你讲这本书，或者帮助你分析这本书、理解这本书。所以你发明出教士、古鲁、瑜伽修行者、托钵僧来告诉你一切，你就是这样逃避自己。你能不能读读这本如此古老、包含着人类全部历史的书，而这本书就是你？你能不能仔细地读读这本书，一字一句地，不去扭曲它，不取其一章而忽略其他章节，不只拿出一句话来冥思苦想，而是阅读这整本书？这整本书，你要是一章一章地、一页一页地读，这将花费很长的时间、你一生的时间，那有没有一种一眼就可以彻底将它读完的方式？你明白我的问题吗？这本书是"我"也是"你"，是人类及其所有的悲伤、痛苦、困惑、诚信缺失等等的一切，你要如何阅读它？你如何才能一眼读完，而不是耗费经年累月的时间？这本书就是你，如果你花时间慢慢地读，时间将会摧毁这本书，时间本身将会起到破坏作用，因为我们的大脑正是在时间中运作的。所以你必须有能力倾听、有能力清晰地看到这整本书在讲什么，这意味着大脑极其警觉、极度活跃，是大脑整体在行动。你能否在你自己这面镜子里、这本书中，即刻完整地观察你自己？然后你就会发现这本书什么都不是。我想知道你有没有理解？你也许会从书的第一页读到最后一页，然后发现里面什么都没有。你理解我说的话吗？那意味着，一无所是，不要想着成为什么。这本书就是成为什么，是一部成为什么的历史。所以如果你审视自己，如果你探索自己，你是什么呢？一种外貌特征，高或矮，有胡子或者没胡子，男人或者女人，以及受教育得来的所有能力和微不足道的追求。这全都是一个成为什么的运动，不是吗？成为什么——赚钱越来越多的商业经理，或者变成一个圣人？当一个人试图成为一个圣人，他就不再是一个圣人了，他只不过是困在了传统的轨道之中。所以，你可以一眼看完这本书，然后发现它确实什么都不是，活在这个世界上却一无所是。你明白吗，先生？不，你不明白。所以，先生们、女士们，你听到了这一切，或许如果你与讲话者一起周游世界，你会听到每次讲话都会说到这些，也许用词不同、语境不同、句子不同，其实要说的是，对自己的彻底了解远远比生活中的其他任何事情都重要得多，因为我们正在破坏这个世界，我们没有爱、没有关怀。所以，讲话者没有什么讯息要传达。讯息就是你，讲话者只是在告诉你这一点。

摘自《会刊》1982 年第 42 期

如何面对生活

英国，布洛克伍德公园，1981 年 9 月 3 日

问：我们发现自己生活在对战争、失业（如果我们有工作的话）的恐惧，对恐怖主义、孩子们的暴力和任由无能政客摆布的恐惧之中。我们该如何面对如今的生活？

克：你是如何面对的？你必须承认这个世界正变得越来越暴力——显然如此。战争的威胁也相当明显，还有个非常奇怪的现象——我们的孩子也正变得暴力。我记得以前在印度的时候，有个母亲来找我们。在印度的传统中，母亲是非常受尊重的，但这位母亲吓坏了，因为，她的孩子们打她——这在印度是前所未闻的事情。所以，这种暴力正在全世界蔓延。还有对失业的恐惧，正如提问者所说的那样。面对这一切，知道了这一切，你该如何应对如今的生活？

我不知道。我知道自己该如何面对，但是我不知道你该如何面对。首先，生活是什么，这件被称为生存的事情是什么，它充满了悲伤、过剩的人口和无能的政客，以及世界上不断发生着的各种欺骗、不诚实和贿赂。你该如何面对？显然，你必须首先探究活着意味着什么？活在现

在这样一个世界里意味着什么？我们如何真实地过日常的生活，不是从理论上、哲学意义上或者理想化地生活，

　　而是我们实际上如何去过日常生活？如果我们认真地审视或者认识生活，就会发现它是无尽的斗争、挣扎和不停的努力。早上不得不起床是一种努力。面对生活，我们该怎么办？我们不可能逃避它。我曾认识几个人，他们说实在不能生活在这样的世界中了，于是他们彻底归隐并消失在了喜马拉雅的某些山区中。那只不过是对现实的一种逃避和逃离，就像沉迷于某个公社，或者携带庞大的产业追随某个古鲁并沉迷其中一样。显然，那些人并没有解决日常生活的问题，也没有去探索社会的改变、心理上的革命。他们逃离了这一切。而我们，如果我们不逃避并且生活在这样的一个世界上，我们该怎么办？我们能改变我们的生活吗？有没有可能让我们的生活中完全没有冲突，因为冲突是暴力的一部分，这可能吗？为了成为什么而进行的这种不停的努力，是我们生活的基础，那是一次又一次的努力。我们作为活在这个世界中的人类，能不能改变自己？这是真正的问题——从心理上彻底地转变我们自己，这种转变不是最后才发生，不允许时间的介入。对一个认真的人、一个真正的宗教人士来说，明天并不存在。这真是一句严厉的话：没有明天，只有对今天的无尽尊崇。我们能否完整地、真实地去过我们的日常生活，转变我们彼此之间的关系？这是真正的问题，而不是世界是什么，因为世界就是我们。请看清这一点：世界就是你，你就是世界。这是一个显而易见的惊人事实，是我们必须全然面对的一个挑战，也就是说，意识到我们就是这个有着诸般丑陋的世界，我们对这一切负责，中东、非洲发生的一切以及这个世界上发生的所有疯狂的事情，我们都负有责任。我们也许

无法对我们的祖父辈和曾祖父辈的行为——奴隶制、千万场战争和皇权的暴虐——负责,但我们是其中的一部分,如果我们没有感受到自己的责任,也就是,没有对我们自己、我们的所作所为、所思所想和行为处事负起全部责任,那么这个世界就会相当无望,因为我们知道这个世界是什么样子,我们无法各自地、分别地解决恐怖主义这个问题。确保它的公民安全并受到保护,这是政府的责任,但是它们看起来并不在乎。如果每个政府都真正关心、保护它自己的人民,就不会有战争。显然政府都失去了理智,它们只关心党派政治,关心它们自己的权力、地位、威望——这个人尽皆知的游戏。

所以,我们能否不允许时间也就是明天、未来的介入,在生活中把今天看得无比重要?那意味着我们需要对我们的反应、我们的困惑变得极其警觉——狂热地对我们自己开展工作。显然,这是我们唯一能做的事情。如果我们不这么做,人类真的没有未来。我不知道你有没有关注报纸上的一些头条新闻——所有举动都是为战争而做的准备。如果你为了什么东西做准备,你就会拥有它——就像准备一顿美餐那样。世界上的普通大众显然并不关心。那些把聪明才智和科学技术投入到军备生产中去的人,不关心,他们只关心自己的职业生涯、自己的工作、自己的研究;而我们这些相当普通的人们,所谓的中产阶级,如果我们也根本不关心,那么我们就真的是在认输投降了。但可悲的是,我们似乎并不关心。我们没有团结在一起,一起思考、一起工作。我们只不过是很乐于加入各种机构和组织,希望它们能够停止战争,停止人类的互相残杀。但这一点它们从未做到过,机构和组织从未阻止过其中任何一个悲剧的发生。参与其中的正是人类的内心、人类的头脑。请注意,我们并不是刻意夸大这件事情，我们正面临着某种真正非常危险的事情。我们见过参与这些事情的一些政要，他们不关心。但是，如果我们关心，并且我们的日常生活过得正确，那么我想未来就有希望。

摘自《会刊》1984 年第 46 期

社会的要求

瑞士，萨能，1984 年 7 月

问：人如何才能将社会的要求与完全自由的生活相协调？

克：社会的要求是什么呢？请告诉我。是不是你每天朝九晚五地去办公室或者工厂上班，无聊烦闷地工作了一天之后到夜总会去寻找刺激，或者在阳光明媚的西班牙或者意大利度过两三周的假期？社会的要求是什么？是你必须挣钱谋生，你必须终生住在这个国家中某个特定的地区，做一名律师、一名医生，或者在工厂里做一名工会领袖，等等。对吗？所以你必须问一问：这个要求如此之多的社会是什么，又是谁创造了这个可恶的东西？谁对此负责？是教堂、寺庙以及其中上演的所有那些把戏吗？谁对这一切负责？社会与我们有任何不同吗？或者正是我们，我们每一个人，用我们的野心、我们的贪婪、我们的嫉妒、我们的暴力、我们的腐败、我们的恐惧，以及我们想从社团和国家中得到安全的渴望，因而创造了这个社会——你明白吗？我们创造了这个社会，然后指责社会有诸多要求。所以你问：我能不能完全自由地活着，抑或我能否与社会妥协同时自己去追求自由？这真是一个荒唐的问题。对不起，我并非对提问者无礼。说它很荒唐，是因为你就是社会。我们是否真正看到了这一点，而不仅仅把它视为一个想法、一个概念，或者你必须接受的某种东西。但是我们，我们在这个地球上生活了四万年或者更久的每一个人，创造了这个社会、宗教及正在武装自己的国家。天哪！是我们创造了它，因为我们坚持做一个美国人、法国人或者俄国人。我们坚称自己是基督教徒、新教徒、印度教徒、佛教徒，而这种坚持给了我们某种安全感。但是，正是这些划分阻碍了对安全的追求。这是如此显而易见的事情。

所以，社会和它的要求与你对自由的要求之间，没有任何妥协可言。那些需求来自于你自己的暴力、来自于你自己丑陋而狭隘的自私。你自己去发现自私在哪里。自我非常狡猾地藏身于何处，这是最为复杂的事情之一。在政治上，它可以藏身于"为了国家的利益"之中。在宗教界，它可以藏身于最美丽的形式"我相信上帝，我服务上帝"，或者藏身于社会帮助中——我并非反对社会帮助，别妄下结论——但是它可以藏身其中。这需要一个密切关注——并非分析而是观察——的头脑，才能看到自我、自私的微妙之处藏在哪里。然后，当没有了自我，社会将不复存在，你不必与它相妥协。只有漫不经心、无知无觉的人才会说："当我为自由而努力时，我该如何应对这个社会？"你明白吗？

恕我直言，我们需要接受再教育，不是通过学习、学院和大学——制约着头脑的地方——也不是通过在办公室或者工厂里工作。我们需要通过觉察，通过看到我们是如何困在言语之中，来重新教育我们自己。我们可以这么做吗？如果我们做不到，我们将会有无尽的战争、无尽的哭泣，我们将始终处于冲突、痛苦之中，这一切都将是必然的。讲话者并不悲观也不乐观，这些都是事实。当你如实地与事实，而不是与计算机得出的数据共处，观察它们，观察你自己的行为、你自己的自我追求，那么从中就会产生一种非凡的自由，及其所有伴随而来的伟大的美和力量。

摘自《会刊》1985 年第 48 期

PART 03

演讲集
Talks

何谓宗教心灵？

瑞士，萨能，1961 年 8 月 13 日

我想今天上午我们要探讨一下什么是宗教心灵。我想非常深入地探讨这个问题，因为我觉得只有这样一颗心才能解决我们所有的问题，不仅仅是政治和经济问题，还有更为根本的人类生存问题。在开始探讨之前，我想我们应该重申一下之前已经说过的话，即一颗认真的心是愿意深入到事情最深层的根源，并发现何为真实何为虚假的心灵。那是一颗不会半途而废，也不会允许自己因其他任何思虑而分散的心。我希望这里至少有几个人能够做到这一点，并有足够热切的心去这么做。

我想我们都熟知当今世界的状况，无须别人告诉你欺骗、腐败、社会和经济的不公，以及战争等持续不断的威胁。若要了解所有这些混乱并带来清明，在我看来心灵本身必须彻底转变，而不仅仅是缝缝补补的改革或者调整。若要超越所有这些混乱——不仅仅是外界的，还有我们内心的混乱——解决所有这些与日俱增的紧张和需求，你需要对心智本身进行一场彻底的革命，你需要拥有一颗截然不同的心灵。

对我来说，革命是宗教的同义词。我所说的"革命"一词，并非指

直接的经济或社会变革，我指的是意识本身的革命。心灵革命，意味着彻底摧毁过去的一切，所以心灵能够毫无扭曲、毫无幻觉地看到什么是真实的——那就是宗教的方式。我想，真正的宗教心灵确实存在，也能够存在。

我认为，如果你非常深入地探索过这个问题，你就能亲自去发现这样的心灵。如果心灵打破并摧毁了社会、宗教、教条和信仰加诸其上的所有障碍、所有谎言，从中超越进而发现真相，这样的心灵就是真正的宗教心灵。

所以，首先我们来探讨经验的问题。我们的大脑是数世纪以来经验的产物，是记忆的仓库。如果没有那些记忆，没有积累起来的经验和知识，我们就根本无法作为人类来运作。经验——记忆——显然在某个层面上是必要的，但是我认为同样显而易见的是，被知识、记忆所制约的所有经验，必然是局限的。因此，经验并非带来解放的因素之一。我不知道你究竟有没有思考过这些。

每一种体验都受到以往经验的制约，所以并不存在新鲜的经验，它始终被过去所沾染。就在经历的过程之中，从过去之中会产生一种扭曲，过去就是知识、记忆和积累起来的各种经验，不仅仅是个人的，还有种族的、团体的经验。那么，有没有可能摒弃所有经验？

我不知道你是否探索过摒弃这个问题，它意味着否定某种东西。它指的是有能力去否定知识的权威、记忆的权威，否定牧师、教堂以及强加于心灵之上的一切。我们大多数人通常只有两种否定的方式——要么通过获取知识，要么通过反抗。你否定了牧师、教堂、经典、书籍的权威，要么是因为你学习过了、质询过了，积累了另一些知识；要么是因为你不喜欢它们，反抗它们。然而，真正的否定意味着，你否定，却对将要发生什么一无所知，也没有任何未来和希望，不是吗？你说"我不知道什么是正确的，但这是谬误的"，那肯定才是唯一的真正的否定，因为那否定并非来自积累的知识，也非来自反应。毕竟，如果你知道你的否定将通向哪里，那么它就只不过是一种交易，一种市场行为，所以那根本不是真正的否定。

我想你需要了解这一点，相当深入地探索这个问题，因为我想通过否定，弄清楚什么是宗教心灵。我认为通过否定可以发现真相。你无法通过确定来发现什么是真实的。在弄清楚之前，你必须将整块石板彻底打扫干净，清空已知。

所以，我们将通过摒弃——也就是，通过否定、通过否定式的思考，来探究什么是宗教心灵。显然，如果摒弃是以知识和反应为基础的，那么就不会有否定式的探究。我希望这一点是很清楚的。如果我摒弃牧师、书本或者传统的权威，是因为我不喜欢它们，那就只是一种抗拒，因为随后我会用别的东西来代替我摒弃的东西。而如果我否定是因为我有足够的知识、事实和信息等等，那么知识就变成了我的庇护所。但是，有一种否定，不是知识的产物，而是来自于观察，来自于如实地看到事情、看到真相。那是真正的否定，因为它使头脑涤清了所有假想、所有幻觉、权威和欲望。

那么，有没有可能否定权威呢？我不是说警察的权威、国家的法律以及诸如此类的一切，那样做很愚蠢、很不成熟，会让我们锒铛入狱。我的意思是否定社会强加在心智和深层意识上的权威，否定所有经验、所有知识的权威，因此心灵处于一种不知道将会如何，而只知道什么是不真实的状态之中。

你知道，如果你曾深入探索这个问题，它会带给你一种惊人的完整感，而不是被互相冲突、互相矛盾的欲望撕扯得支离破碎；看到什么是真实的，什么是虚假的，或者从虚假中看到真实，能给你一种真正的洞察感、清晰感。心灵此时——摧毁了所有安全、恐惧、野心、虚荣、幻想、目的，摧毁了一切——处于一种彻底独立、未被影响的状态中。

当然，若要发现真相，发现"上帝"或者无论你赋予它何种称谓，心灵必须孑然独立、不受影响，因为这样的心是一颗纯净的心，而只有一颗纯净的心才能够前行。当彻底摧毁了心灵在自己内在建造的一切安全、希望以及对希望的抗拒，也就是绝望等等，此时才会出现一种无惧的状态，其中没有死亡。孑然独立的心是完全鲜活的，在那种鲜活中，有一种每分钟都在发生的死去；因此，对于那颗心灵来说，没有死亡存在。这真的是奇妙无比。如果你曾深入探索这件事情，你自己就会发现没有死亡，而只有独立心灵那纯粹的简朴状态。

这种孑然独立并非与世隔绝，不是逃入某座象牙塔，也不是孤独。隔绝、逃避、孤独之类的一切都被留在了身后，被忘记了、驱散了、摧毁了。所以，这样一颗心知道摧毁是什么。我们必须知道摧毁是什么，否则我们无法找到任何崭新的东西。而要摧毁我们所积攒的一切，我们的内心是何等恐惧！

有一句梵文谚语说："观念乃不孕妇女之子。"我想我们大多数人都沉溺于各种观念中。你也许把我们所进行的这些讲话当成了观念的交换，当成了一个接受新观念、抛弃旧观念的过程，或者否定新观念、坚持旧观念的过程。但我们根本不是在和观念打交道，我们在和事实打交道。

而当你关注的是事实，就不存在适应和调整；你要么接受它，要么否定它。你可以说"我不喜欢那些观念，我更喜欢原来的那些，我要活在自己的想法里"，或者你也可以与事实同行。摧毁并非调整，调整是说"我必须不那么野心勃勃、不那么嫉妒"，那不是摧毁。而你必须看到野心和嫉妒是丑陋的、愚蠢的这个事实，你必须摧毁所有这些荒唐无比的东西。爱从不调整，只有欲望、恐惧和希望才会调整。那就是为什么爱具有毁灭性的原因，因为它拒绝调整自己或者遵照某个模式。

所以，我们开始发现，当摧毁了人类因为想要得到内心安全而为自己制造的所有权威时，就有了创造。毁灭就是创造。

那么，如果你摒弃了观念，不调整自己去适应你自己的生存模式，也不去适应你所认为的讲话者建立的新模式，如果你已经走了这么远，你就会发现大脑可以也必然只针对外部的事物运作，只回应外在的需要。因此，大脑变得完全安静。这意味着经验所具有的权威结束了，因此，它再也不能制造幻觉。若要发现什么是真实的，关键是制造任何形式的幻觉的能力都必须结束。制造幻觉的能力是欲望的力量、野心的力量，是想要成为这个、不想成为那个的力量。

所以，在这个世界上，大脑必须理性地、明智地、清晰地运作，但是它的内在必须彻底安静。

生物学家告诉我们，花了几百万年的时间大脑才发展到现在的阶段，要进一步发展还需花费几百万年的时间。而宗教心灵的成长不依赖于时间。我想传达的是，为了回应外在的生存需要，大脑必须运作，而当它内在安静时，就不再是一部积累经验和知识的机器。因此，它内在完全安静，但又极度活跃，这时它就可以一跃跳过数百万年。

所以，对于宗教心灵来说，时间并不存在。只有在一种连续迈进和持续成就的状态中，时间才会存在。当宗教心灵摧毁了加诸其上的过去、传统和价值观的权威，它就能够不再依赖时间，它才会得到彻底的发展。因为，毕竟，当你否定了时间，你就否定了所有借由时间和空间而进行的发展。请注意，这不是一个观念，这不是一件可以玩闹的事情。如果你经历了，你就会知道那是什么，就会处于那种状态中。但是如果你没有经历，那么你不能把这些仅仅当作观念捡起来玩弄。

　　所以，你发现摧毁就是创造，而创造中没有时间。创造，是当头脑摧毁了所有过去，彻底安静下来的状态，因此在那个状态中，没有增长、表达和成为什么的时间和空间。那种创造，并不是由少数几个具有天才的人——画家、音乐家、作家和建筑师创造出来的。只有宗教心灵才能处于创造状态中，而宗教心灵不属于任何教会、任何信仰、任何教条，因为这些只会制约心灵。每天早上去教堂膜拜这个或那个，并不能把你变成一个宗教人士，尽管喜好体面的社会也许会这么看待你。使一个人成为宗教人士，是对已知的彻底摧毁。

　　这种创造中有一种美感，这种美并非由人类拼凑产生，它超越了思想和感情。毕竟，思想和感情只是反应，而美不是反应。宗教心灵拥有的那种美，不仅仅是对大自然、对壮美的山脉和奔腾的河流的欣赏——而是一种截然不同的美感；爱与之并肩而行。我不认为你可以把美和爱分开。你知道，对我们大多数人来说，爱是一件令人痛苦的事情，因为它总是伴随着嫉妒、仇恨和占有的本能。但是，我们所说的这种爱，是一种没有烟雾的烈焰。

　　宗教心灵懂得这种彻底的、完全的摧毁，那意味着处于一种创造状态——这无法言表，随之而来的是一种美感和爱——它们无法被分割开来。爱无法划分为神圣的爱和物质的爱。它就是爱。随之而来的，是激情这种感受，这是自然的，都不消说。没有激情你就无法走远——激情就是热情。它不是想要改变什么、想要做什么的热情，那种热情有个原因，所以当原因消失时，热情就消失了。它不是一种热情状态。只有当拥有朴素的激情时，才能有美。宗教心灵就处于这样的状态中，会有一种特别的力量感。

你知道，对我们来说，力量是意志的结果，是织入意志绳索的诸多欲望的结果。而那意志对于我们大多数人来说，是一种抵抗。抵抗什么或者追求某个结果的过程发出的意志，而这种意志通常被称为力量。但是我们所说的力量与意志无关，它是一种没有原因的力量。它无法被利用，但是若没有它，一切都无法存在。

所以，如果你如此深入地亲自去探索，你就会发现宗教心灵确实存在，而它不属于任何个人。它就是那个心灵，而与人类所有的艰辛、需求、个人渴望、冲动以及诸如此类的一切无关。我们仅仅是在描绘那心灵的完整性，它也许看起来被使用的各种词语分割了开来，但它是一种完整的东西，一切都包含在其中。所以，这样一个宗教心灵能够接收大脑所无法衡量的东西。那个东西是无法命名的；没有寺庙、没有牧师、没有教堂、没有教条能够把握它。真正的宗教心灵是否定那一切并活在这种状态中。

摘自《会刊》1987 年第 52 期

年轻人的问题

瑞士，萨能，1967 年 8 月

　　我认为年轻人、中年人和老年人的问题是无法分开的，年轻人并没有什么特别的问题。也许从表面上看似乎不是这样，那是因为年轻人才刚刚开始他们的生活。我们要么从一开始就把我们的生活弄得一团糟，然后困在无数问题、不确定性、不满和绝望的沼泽中，要么当我们还年轻的时候——我想那也许是唯一的时机——就打下正确的基础。我并不是说年长的人们就无法彻底摆脱他们身处其中的陷阱，而是说年轻人开始了解生命是多么奇妙的一件事情，似乎比年长的人要容易得多。生命不仅仅是性、抽大麻、服 LSD①、去教堂或者为自己在商界挣得名声；或者绝望地抛弃那一切，过一种混乱的、放荡不羁的、不稳定的生活。我认为生活中还有更为重要的事情、更加深刻的问题，这需要很大程度上的认真。只有在年轻时播下认真的种子，它才会随着你的生活开花结果。但是，若要播下这些清明、认真和正确行为的种子，你需要细心观察、小心警觉。

---

　　① LSD：致幻剂、迷幻药。——译者注

当你年轻时，你必须有革命性，而不仅仅是反叛；反叛非常容易，每个人都能做到。但是，真正具有革命性——以这个词的正确含义——指的是不接受自己或者别人设下的任何模式，没有任何遵从的感觉，也不接受任何形式的权威，那意味着从恐惧中解脱的自由。在那种自由中，你就可以过一种截然不同的生活，而不是老一辈用他们的战争、他们比较式的生活、他们的神明、他们的宗教、他们的救世主和牧师建立起的生活方式。那一切都死去了、结束了。

　　所以，在我看来，当你还年轻，还没有身陷家庭、工作以及所有那些琐事和痛苦中时，你才能开始播下在你的整个生命中能够正确开花的种子，而不是迷失在我们日常生活中那一切毫无意义和荒唐的追求中。那实际上意味着一场连续的行动，只有当你心中有热烈、迫切和激情时，这种行动才能发生；那不是为了获得性满足的肤浅的迫切心情，也不是为了遵照某个特定方法去吸食大麻或者嗑药才有的冲动。各种滥用和沉溺的形式都会扭曲心灵，而当你年纪变大时，这些扭曲会愈演愈烈。这就是为什么你不仅仅要觉察到外界的事物，而且也要觉察到欲望、追求、动机、恐惧和焦虑等这些内心深处的活动。

　　这就像是犁地后要播种一样，但不幸的是，我们大部分人不停地犁地、挖地，却从不播种。播种是行动，但是如果那行动是某个模式的产物，那么它就不仅仅是不完整的，它还会滋生各种各样的问题和焦虑。我不知道你是否曾经注意到，当你全心全意地做某件事情时，不仅仅是用智力，你还投入了你的内心和头脑时，这样的一个行动——那是完整的行动——既没有过去，也没有未来。它是完整的，这个完整的行动之中有美、有爱，而那就是我们的生活中所缺失的东西；我们不知道这种既没有过去，也没有未来阴影的完整行动。这是完整的、即刻的、紧迫的行动，在这行动中有一簇火焰，它可以从外到内带来一场巨大的革命。你注意过当河流被巨石所阻挡时它是如何改变路线的：整条河转了一个完全不同的弯。同样，整体的、完满的、未被我们的环境和偏好或个人倾向所沾染的行动，确实会带来一种不同的生活方式。毕竟，那正是我们在这些讨论中、在你明天或者下个月与自己的对话中所关注的问题，那是我们实际的日常生活。在那种生活中美少得可怜，从来没有完整的行动，因此也没有你可以称为爱的芬芳感。我们大部分人都是自我中心的；我们所有的行为都被这种欲求所束缚，那就是我们存在的核心，那就是"我"。

我认为学会简单地对待我们自己，这很重要——而这正是最困难的事情之一。我们从来都不简单。我们的头脑是如此复杂，我们的心智是如此缜密和世故，有无数做或者不做什么的理由。我们所说的简单，并非指衣不蔽体地置身于肮脏污浊之中的陈旧生活方式，而是指简单的直接洞察——清晰地看到事物，而这个看到就是行动。这确实会带来一种极其简单的行动。当你做什么事情时无须冥思苦想，但是因为你能够毫无扭曲地清晰洞察，然后"事实"就会如实显现。而这种看到和行动本身，就会带来一种非凡的自由感。如果没有这种自由——我认为不太可能了解生活及其无比复杂的问题、需求、活动和追求。但不幸的是，我们大部分人不想要自由；自由是种危险，是要避免的东西，或者如果有自由，需要把它控制起来、关进笼子里。而捕捉并困住自由，这件事情头脑做得格外好。

我们有如此之多的问题。这个世界暴力、疯狂、冷酷而残忍，我该如何生活在这个世界上？我与这个世界有着怎样的关系？在那种关系中我该如何行动？所有这些都是非常严肃的问题。我们大部分人都试图开展某种外围的活动，想改革或者纠正这个世界。我们说："我非常清楚地看到非暴力的必要性，所以无论如何我必须影响这个世界。"我想，如果你自己的内心不暴力，不是作为一个想法，而是事实上不暴力，那么你必然会深远地影响这个世界。自己的内心每天都活在和平中，过一种没有竞争、没有野心和嫉妒的生活，一种不制造敌意的生活，那么，活在这个世界上，你就和这个世界有了关系。

你看，"我是什么"极其重要，因为是我创造了这个社会，我用我的欲求、偏见、仇恨和民族主义建造了这个社会。我把这个世界分成了许多碎片，而如果我的内心是分裂的，那么我与这个世界的关系也将是支离破碎的，这种关系也就意义甚微。但是，如果我不在支离破碎中运作，而是整体地、完满地行动，那么我与这个世界就有了截然不同的关系。但是，我们想让别人通过语言、通过形象、通过符号来告诉我们那种关系是怎样的；我们想要自由的人、行动完满的人所拥有的那种关系模式。虽然语言和符号并非事实，不过我们都满足于语言和解释。但是，作为人类，如果我们能在自己内心建造一个不分裂的世界，那么我想所有的关系都将经历一场巨大的革命。毕竟，任何有价值的行动、任何具有深远意义的行动，都必须从我们的内心开始，从我们每一个人开始。首先我必须改变，我必须看到与世界的关系其结构和本质之中蕴含着什么；看到这一点本身就是行动。因此，作为生活在这个世界上的人类一员，我就会带来一种完全不同的品质，而那品质在我看来，就是一颗宗教心灵。

我不知道你是否深深地感受到了"宗教"这个词的含义。它当然不是组织化的信仰和宣传的宗教，也不是教堂、牧师、典礼和仪式的宗教。那不是宗教。我认为宗教是某种截然不同的事物，它与人类被恐惧驱使所发明的那一切都毫无关系。这种所谓的宗教，是人类所追求的东西，但人类却因此困在了组织化宗教的陷阱之中。我们谈的是宗教心灵，它很难解释，因为其中涉及了太多的内容。可以肯定的是，宗教心灵必然意味着一种毫无恐惧的状态，因此任何时候都不需要安全感；在这样的一颗心中，没有任何信念，只有现状、事实如何。在这样的心灵中，有一种并非思想制造出的寂静状态，这种状态是广泛觉察和关注的自然产物。它是冥想的结果，而此时冥想者完全不存在；从这种状态中就会产生一种寂静，既没有观察者也没有所观之物。在那寂静中，你自己开始发现思想的起源和开端。你于是意识到，思想始终是老旧的，因此它永远无法发现任何新事物。而从那寂静中发现了这一切——那寂静是宗教心灵的一部分，你就会懂得一种能量状态，它既不是冲突的能量，也不是通过努力、野心、贪婪和嫉妒产生的能量，是一种未被任何冲突所触及的能量。这一切，对我来说就是宗教心灵的状态。

　　如果没有体会到这些，你也许会服用 LSD，拥有数不清的幻觉或体验，处于一种高度敏感的状态中，或者通过重复各种教义和信条来催眠自己，但是这些感受并不具有宗教心灵的那种品质。所以重要的是——无论你很年轻还是非常年迈——把你的整个生命过程带到一个不同的层面、一个不同的境界——现在就这么做，就在此时此刻。

摘自《会刊》1971—1972 年第 12 期

不知道分别的心灵具有的品质

印度，孟买，1968 年 1 月

在我看来，首先需要了解的事情是——身处这个混乱而极其疯狂的世界之中——该如何倾听人们就我们所面临的所有问题，提供的各种结论、描述和分析。我们面临如此之多的问题。不仅仅是在这个正在腐化的国家之中，而且整个世界的人们都面临着极其复杂的问题。专家、知识分子、古鲁、神学家和牧师们，各自从他们特定的制约之中、特定的信仰等等之中，给出了各种解释。而你越是困惑，你越是悲伤，越是渴望，你就越想得到舒适、安全或者清晰的认识。也确实有些人在提供安全和清晰的认识，而我认为，学习如何倾听他们所提供的东西，是明智的（不仅仅是如何听取他们所说，还有讲话者所说），因为我们都是如此容易上当受骗，我们想要接受，我们想要被言语所欺骗、所催眠，我们想要一种轻松逃离困惑和悲伤的途径。我们热切地——这是最不幸的——想去接受，特别是接受那些根据某个模式来解释如何面对遍及全世界的危机的人所说的话，而这些模式，因他们成长过程中所处的制约和文化而各不相同。

全世界的人类都被数千年来的原则和观念制约着，而当生活——它是一种运动——需要你倾注全部的注意力时，你却做不到，因为你是在根据某个模式运作和思考，无论这个模式是商羯罗[①]、马克思、列宁给的，还是你最近新拜的古鲁给你的。所以你不得不问一问：为什么全世界的人类都按照模式生活？我不知道你是否曾经问过，你为什么一直生活在概念层面，你为什么总是形成某个观念，并试图在那个层面上生活和思考？但现实却是截然不同的东西。现实是我们的日常生活，它与观念毫不相干；这是首先要意识到的事情。你需要彻底丢弃所有的模式、所有的方法，全新地重新思考这整件事情，你不能再以一个印度教徒、基督教徒、佛教徒或者一个穆斯林的身份去思考。作为人类的一员——生活在这个国家里，生活在这个可怕的城镇里，面对着它所有的苦难、肮脏和污浊——如果你想要过一种每分钟都完整而圆满的生活，你就不能再按某个模式去思考。

生活就是关系。你不能根据某个模式与别人发生关系——你明白吗？这很简单。你得生活，你得去办公室或者工厂上班、劳作、努力；但是，如果你试图根据你心目中古代的老师们所建立的某个图景或者模式生活，你与别人就没有任何关系发生——你只不过是在依照某个概念在生活。

你的头脑在观念层面运作，在一个概念化的、抽象的层面运作，然而生活是每天发生的联系，我们需要了解的是每天的悲伤、痛苦、孤独和绝望，而不是抽象的观念，不是聪明的作家们写出的才华横溢的作品。

---

① 　商羯罗(788—820年)：是印度正统的婆罗门吠檀多派(Vedanta)中最有影响的思想家。——译者注

当我们的日常生活如此沉重地包裹在意识形态的外衣之下，生活就会变得卑劣、令人困惑以及毫无意义。

你需要做的是，觉知你的制约——知道你是被制约的，知道你已被局限了数个世纪。如果你没有意识到这一点，那么你就会继续为他人、为自己制造巨大的困惑和巨大的痛苦。

我们不知道爱是什么。我们没有爱，我们变得残忍、麻木、冷漠、无情。没有爱，你解决不了任何事情。你是否曾经问过自己，你为什么完全没有爱？你知道我说的爱是什么吗？——就是很友好，却没有任何动机；就是很慷慨，对别人感同身受，感受到肮脏街道的丑陋，感受到贫穷；看到全世界发生的这种人口爆炸，感受它，去弄清楚为什么，去大声疾呼，而不是为了你自己可怜的小家庭，或者你喜爱的什么人死去这一点小事情而哭泣，是为了这个世界彻底的混乱而哭泣。

所有的感受都已失去，因为我们都变得非常非常聪明。聪明就是世俗——请务必意识到这一点。当我们很聪明时，我们实际上就是很世俗。我们通过教育变得聪明。我们变得聪明，是因为人口过剩迫使我们努力挣扎求生、竞争，用我们的聪明才智、借助通过考试和取得工作来赶走别人。我们只是想要生存下去，因而变得聪明——看看你自己就知道了。我们从不讨论现实——如何结束战争，如何友善相待，如何慷慨为人——我们总是愿意讨论抽象的事情。

我所说的爱，是不知道分别的心灵所具有的品质——你明白吗？因为只要有分别，就会有冲突，就会有羡慕，就会有嫉妒和敌对，就会有对权力和地位的渴望——这些是我们聪明世故的产物。只要你与他人之间有分别，就不会有关系存在——尽管你也许结婚了、有孩子、有性——

因为当你感觉到自己与别人相分离时，你就没有爱，而若没有爱，你就无法解决这个世界的问题或者你面临的任何问题。请务必认识到这个根本的问题：你没有爱——为什么呢？当你看到落日或者树木的美，当你看到悲伤、痛苦、困惑和人类痛苦不堪的生活，爱为什么没有在你心中沸腾呢？你为什么没有爱？这是最根本的问题，根本问题并不是上帝是否存在，也不是你死的时候会发生什么；而是你作为人类为什么没有这样一种心灵品质，它超越一切分别，超越所有国家、所有宗教及其信仰和教条，以及人类为了保护自己所发明的一切。为什么你没有？请务必问问你自己。这真的是一个非常重要的问题——请不要就这样置之不理。

作为人类的一员，你是如此聪明、如此能干、如此机巧、如此有竞争力，技术方面取得了如此之多的成就，能够登上月球或者在深海生活数周，发明了不可思议的电脑——但你为什么没有那真正重要的东西？没有爱，你变得愤世嫉俗、充满恐惧，所有的关系都是冲突。我不知道你究竟有没有认真地面对过这个问题，即为什么你的内心空空如也。

这不是一场多愁善感或者群情激昂的聚会。爱既不是多愁善感，也不是情绪化，它与奉献或忠诚毫无关系。你需要去弄清楚你为什么没有爱，而在探索发现的过程中你也许就会遇到它。你无法培育爱，你无法通过练习某个方法来获得爱，没有学校能教你这一点。而若没有爱——无论你做什么，走遍世界上所有的寺庙，读遍所有所谓的圣书——你的生命都将陷于困惑之中，你也将生活在悲伤之中。

你的日常生活如何，你的社会就会如何。明白吗，先生们？社会与你、你的样子、你已然如何并没有任何不同——社会就是你生活的团体。社会混乱之所以存在，是因为你自己的生活是混乱的。秩序无法通过智力上的组织、通过某个计划来实现——我们几千年来尝试过了所有这一切；人们曾前赴后继地努力创造一个新社会、新团体和一种新的生活方式，却全都失败了，他们之所以必定会失败，是因为他们的建设是以某个模式、某个概念或某种理想为基础的。

所以，我们来弄清楚我们能否倾注全力来解决这个生命的问题——生活中日复一日的折磨、痛苦、困惑和转瞬即逝的喜悦。如果你不理解它，也就是爱它，你就无法解决它。如果你不知道分别中隐含着什么、关系意味着什么，你就无法去爱；我们来探究这一点，不是从智力上、语言上，而是真正地去探究。探究，就是去看、去观察你实际的关系如何——你与妻子、家庭、老板和邻居的日常关系——来看看究竟有没有可能超越这种分裂的、狭隘的存在状态。

首先，不要被语言所困——你明白吗？词语并非那件真实的事物，"树"这个词并不是实际的树——这很简单。这个词并不能帮助你接触那棵树，你得与它直接接触，把你的手放在它上面。我们是语言的奴隶，是想法、意象和符号的奴隶。若要直接与什么接触，语言就不能从中作梗。所以，你需要学习看和听的艺术，并发现如何去看：如何去看你身处其中的这个世界，如何看一棵树、一朵云和美丽的落日。若要非常清楚地看到什么，你必须敏感——你明白吗？如果你的双手僵硬、冷酷、残忍，你就无法碰触那棵树。

如果你的双眼因你的焦虑、你的神明、你的妻子、你的性事、你的恐惧而盲目，你就无法看到云朵和夕阳的美。

你需要学习如何去看、如何看到，而这门艺术无法从别人那里学来，你得自己来。当讲话者给出解释时，不要让解释转移你的注意力，而是真的去这么做。不要说："我会努力去做的"——这是你所讲出的最具逃避性的话。你要么做，要么不做——没有试着去做或者尽力去做。

当你看着一片树叶，你是怎么看的？显然你既是用眼睛看它，也是用你的头脑去看——头脑有它自己对树叶的记忆，以及那片叶子在植物学上的名称。所以，你用眼睛看，你同时也通过联想起的记忆来看——对吗？两个过程同时在进行。你用眼睛看，同时你也通过记忆在看，通过你对那片树叶或者对你的妻子或者丈夫或者云朵怀有的意象在看。

当你看着自己的丈夫或者妻子，你带着对他或她多年来建立起的意象来看，从性、快乐、苦恼、折磨和愤怒的言语等等诸多的记忆去看；你们为彼此建立起意象——这是一个真切的事实。那么，有关系的只是这两个意象，而你们之间根本没有任何直接的关系；只有一种分离——必然会有一种分离——进而是冲突，进而是爱的完全缺失。只要你没有意识到意象的机制、结构和本质，那么你就永远无法摆脱它，你就会永远处于冲突之中。

这个世界需要合作——这个国家极度需要这一点。这个国家，通过语言划分，通过微不足道的民族划分等方式，把自己弄得四分五裂，带来了灾难性的后果，它必须通过合作才能生存下去。如果你没有爱，你怎么能与别人合作呢？当你野心勃勃、四分五裂、争强好胜，用语言、信仰和教条将自己划分开来时，你怎么能使用"合作"这个词呢？而当你知道了如何真正地合作，那么你就会知道如何不合作了——你必须两个都知道。当你知道了合作的含义、深度和意义时，你就会知道什么时候不合作是正确的行动。但是首先你必须知道如何合作，而如果有分别就不可能有合作。如果你怀有意象，分别就始终会存在——尽管你生活在家庭中,尽管你与妻子或丈夫同床共枕。首先看到,因为你有各种野心、贪婪、嫉妒和成功的意象——尽管你们也许生活在同一栋房子里,生了孩子——但你们两个是互相分离的,你们并没有合作。有爱才能有合作。爱不是多愁善感,它与感情泛滥毫无关系;爱不是快乐,爱不是欲望。要遇上这件非凡无比的事情,遇上它的美,你就必须学习如何去看,如何看那棵树、看你的妻子和孩子们。

　　人类为什么会遭遇这样深重的危机,这场彻底混乱、失序的危机,而人类内心的混乱又在社会上从外在表现无遗?为什么人类存在了数百万年,却来到了如此悲惨和冲突的境地之中?为什么?这种混乱已变得如此耸人听闻。其原因是什么?你会说:"是因为人口过剩"——印度已经人口过剩了,每年却还有一千二百五十万人出生。你会说:"是因为道德随着技术知识的增长而沦丧了。"你会说:"是因为缺乏沟通。"这都是些油滑的不经思考的回答。你无法通过这种随便的回答发现事情的深度或真相。为什么你在这个国家中生活了这么久,你有你的老师、商羯罗、《薄伽梵歌》、古鲁和不成熟的圣人们,为什么你发现自己现在实际上正处于这种状态中,处于这种混乱和困惑之中?为什么?如果你抛开那些人口过剩、伴随着技术知识的增长而缺失的道德和缺乏直接的沟通等等随便的解释——它们也许有某种真实性——那么这种苦难的根本原因和根源是什么?为什么像这样的一个国家,有着善良、友好、不杀生、不残忍的传统——与你们的那种生活大相径庭——为什么你们有所有这些导师,你们为什么会走错,又是从哪里开始一切都完全走错了呢?

　　若要深入这个问题,你必须非常仔细地探究;若要探究,你就必须没有偏见;若要弄清楚,你就必须自由、无惧。我们来弄清楚——也就是发现根源所在；而对根源的发现并不能帮你摆脱那根源——请务必了解这一点。你也许知道你觉得不舒服是因为得了癌症，但是知道你得了癌症并不能让你摆脱那种疾病，你也许需要进行手术。同样，你也许发现了你悲伤的缘由，但是这并不能让你摆脱它的影响；而能让你摆脱其影响的，是对根源的即刻了解——那是对它动手术。你需要去看，你需要探究根源，为此必须有自由；你也许会害怕，因为自由意味着对过去的全部否定，对你的神明、信仰和仪式的彻底否定——彻底摒弃那一切。大部分人害怕自由，然而只有自由的心——热切的心、觉醒的心——才能真正发现这场灾难、这深重的悲伤是如何降临到人类身上的。

所以，踏上旅程的第一件事，就是确保你是轻装上路，没有负担、偏见和忧虑。而那就像是给我们内心带来一场彻底的革命，心灵必须发生一次彻底的突变；如果你不能自由地去探索，反而害怕将要发生的事情，这种转变就无法发生。

如果你足够幸运，发现了该如何倾听、如何去看，那么你自己就会发现在看的行动、倾听的行动本身之中就有一种至福——不是来自某个神祇的祝福，没有任何祝福来自于神明、祈祷或者庙宇——只有当你知道如何去爱时，至福才能来临。

摘自《会刊》1973—1974 年第 20 期

爱无法教授

印度，孟买，1968 年 1 月

我们为什么要听讲话者的讲话呢？是要得到某些观点，学到些什么吗？或是仅仅出于好奇吗？抑或我们来听讲，是为了借由讲话者的话亲自去发现我们真实的样子？但奇怪的是，无论我走到哪里，听众好像都只是听到了一大堆词句、理论和可能性。恐怕这里的情况也是一样：你坐在那里，而讲话者坐在讲台上，我对这个奇怪的现象感到纳闷。这非常奇怪，因为如果我们知道如何去看，如何看这个世界及其各式各样的活动，也知道如何来看我们自己，那么我想我们永远不会参加什么会议，也永远不会通过听别人讲来学习，因为我们内心就写着整个人类的历史。如果我们知道如何去看、如何倾听，我们从自己身上就能非常清楚地读到这整部故事——人类的苦难和冲突。我们以为别人将教会我们如何去看，别人将会为我们指路，并将我们从无尽的冲突和苦难中拯救出来。如果你从外在和内心同时观察，你就会意识到没有人能给我们钥匙，带来对我们自己极端困惑、复杂和痛苦生活的领悟。但是我们拒绝去看，我们拒绝去听生活的那些提示和含义，而生活就在详细地、完整地、全面地给我们讲这个故事——告诉我们实际上发生的事情。

所以，容我指出，讲话者没什么可以教给你的，而且他真的是这个意思——没有新的哲学、没有新的体系或者通往真相的新途径。人类所发明的通往真相的诸多道路都诞生于恐惧，实际上根本没有通往真相的道路可言。道路意味着某种永恒、静止的东西，它就在那里，不可动摇；你需要做的只是走上那条路，然后就可以到达目的地，但事实上并不是这样。如果你明白没有道路、没有救世主、也没有人能够将我们从我们自己的困惑、冲突和无尽的追寻中解放出来，就会知道真相是一件更为复杂、更为精妙而且美丽非凡的事情。因为正如我们之前所说，如果你知道如何去探索、如何去看，一切都在那里，都在我们自己的身上，因为我们是时间的产物，无数经验和庞大传统的产物。

我们想让别人告诉我们如何去看、如何去听、如何去做。永远不要向任何人提出那样的问题——如何去看、如何去听、如何觉察。你需要做的全部，只有看。这不是一个如何看的问题，而是用你的全部身心，用你的头脑去看，这样你就能如实看到事情的原貌。我们拒绝去看，因为我们心中塞满了头脑里的那些东西——头脑里有如此之多的意象，以至于我们既无法清晰地看，也无法带着爱去看。而爱无法教授，没有学校、没有老师、没有书本能够带来这种爱的品质。而若没有爱，无论你做什么——拜祭所有的寺庙、所有的清真寺和教堂，牺牲你自己，让自己投身于某套特定的做法，归属某个政治党派——如果没有爱，你的不幸、困惑、痛苦的孤独和绝望就永远不会消失。

自由无法由他人给予；自由是当你不追求它时才会发生的事情；只有当你知道你是一个囚徒，当你自己彻底清楚被制约的状态，当你知道你被社会、文化和传统所钳制，被你听说的一切所钳制时，自由才会出现。自由就是秩序——它从来不是混乱——而你必须拥有从外到内的彻底自由。没有自由，就没有清晰的认识；没有自由，你就无法去爱；没有自由，你就无法找到真理；没有自由，你就无法超越头脑的局限。你必须拥有自由，你必须以你的整个存在去追求它。当你如此热切地追求它时，你自己就会发现秩序是什么——秩序不是遵照某个模式、某种设计，不是习惯的产物。

请务必倾听这一切——只是听，既不要接受也不要拒绝。

若没有自由，就只有混乱。社会中的混乱，从来都不是道德的；如今的这个社会，依靠混乱而壮大。看看这一点！你能看到每个人都在与别人竞争；每个人都嫉妒别人；每个人都在追求自己的安全感；每个人都在为自己和家庭追求权力、地位和威望。而从这种争斗和冲突中，人类建立起了某种道德，适应混乱的道德——那种道德被当作美德备受推崇。但是这样的社会道德，根本不是道德；正是道德建造了社会的模式、文化、宗教、教育和政府。如果你稍加注意的话，你就会看到，每个人都是多么恐惧，每个人都在追求自己的安全感，每个人都想成就自己（而从不试图去弄明白究竟有没有这回事），每个人都想爬到人群的顶端，那被认为是成功。

我们必须拥有自由，才能带来秩序，因为如今的社会完全混乱不堪，我们的内心也混乱不堪。我们必须带来秩序，不是政府的秩序，也不是法律的、分裂的社会的秩序，而是当你从外在和内心都觉察并了解了这种混乱，才会到来的秩序。没有秩序就没有美德，而只有那被称为体面的可恶东西。

若要找到这种绝对的秩序（不是你找到它）——就像数学中的秩序、绝对的秩序那样——你需要去遇见它，而只有当你理解了内心的混乱，才可能有秩序。我们混乱不堪，我们这么说，那么想，所作所为又是另一回事，我们对自己都不诚实。这种混乱是想要找到心理上的安全。显然你必须拥有外在的安全，你必须有个家，有吃有穿——那种安全是必需的。但是这种外在的安全被想得到内在心理安全——信仰中的安全、意识形态和关系中的安全——的需求给毁掉了。心理上的安全并不存在，内在没有任何永恒可言；发明出来的神明、信仰和意识形态，是追求内在安全的产物。对神明的膜拜毫无用处，它们毫无意义，它们都是我们琐碎、狭隘头脑的发明。

你可以看到所有这些混乱是如何产生的：当人类野心勃勃，为取得成功而努力竞争时，他就必然是无情的；野心勃勃的人带来混乱，他永远不会知道爱是什么。当你出于恐惧而相信某些东西，另一个人因为他的恐惧而相信另一些东西——他的神和你的神，他的国家和你的国家，你是个印度人，他是个巴基斯坦人——这就是混乱。所以，你的信仰、你的宗教和意识形态、你的社团、你的家庭制造了这种混乱——务必看清这一点。在这种混乱中，我们试图带来秩序，我们说"我们必须"和"我们不可以"，"这是对的"和"那是错的"——这一切都在混乱的模式之内。而秩序就是美德，它就像数学中的秩序一样纯净而绝对。你必须拥有秩序，否则就不会有和平，否则你永远不会知道冥想是什么。这样的秩序不是习惯——反反复复地重复某件事情。而是当你理解并在自己的内心彻底否定了混乱时，秩序才会到来；当你不再贪婪和嫉妒，当你不再害怕，当你彻底摒弃了你那特定的狭隘的意识形态、你的神明和你的国家，它才会到来。肯定经由否定到来的秩序是从对混乱的彻底否定中产生的。为了那样的否定，你必须拥有一个高度自律的头脑，那种自律不是压抑，不是控制，不是模仿。从外在和内心了解混乱，观察、倾听冲突和困惑，就是纪律，不是吗？对讲话者的倾听是纪律；那意味着你在付出注意力，意味着你全然投入你的内心和头脑——我希望你是这样的。投入你的内心和头脑，本身就是纪律；这种纪律之中有美存在。你需要成为一名学徒——不是别人的学徒——学习观察混乱的学徒；在对混乱的观察中就会看到秩序。你不需要做任何事情，但是你需要付出艰巨的努力去看。

当你付出注意力——用你的内心和头脑去关注——那关注就是纪律、就是美德。如果你漫不经心，就没有美德，而也正是漫不经心制造了混乱。

所以，这是冥想的基础，而冥想是最奇妙的事情之一。

不要对"冥想"这个词特别关注。看得出你们对这个词非常熟悉，但是词语并非那件事物本身。我突然发现你们的脸上悄然出现了一种认真感，一提到那个词，你们的身子突然坐直了。人类真是那个词的奴隶！——你不知道它意味着什么。你所知道的一切，只不过是那个词暗含了你怀有的某种幻想。你知道那些学派、那些精神导师和瑜伽师正在全世界教授各种形式的冥想——不要笑，你们都在以自己的方式做这件事。你认为通过重复某些词句就能获得某些奇迹般的体验，这根本不是冥想，是些无稽之谈，是自欺欺人、自我催眠。冥想是远远更为广大、更为深奥的东西。但是，仅仅玩弄"词语"和"能量"，你是无法走近冥想的；但你必须走近它，因为如果没有它，你就永远不会知道爱是什么，你就永远不会因为单纯的喜悦而眼含热泪，你就永远无法知道美是什么。

也许通过药物，通过重复某些词句，通过膜拜某个神像，你有过某些微不足道的体验，也是人类渴望的那些体验，是他们自己的自我投射——他们体验到的，来自于已经知道的东西。请深入这一点，然后你就会明白：如果你没有认出那是什么的话，你就无法"体验"任何事情。如果你认出了那个经验，它就已经是老旧的了。所以，当你渴望大量的经验并且能够认出它，它就已经来自于记忆中了，是对过去发生的事情的再次投射和回忆，那不是冥想。

冥想是自由的心灵状态，不是从某件事物中解脱的自由，而是没有任何动机的自由——它不是一个结果。有了绝对的秩序，而不是遵照某个模式的秩序，也不是通过习惯或传统建立起来的秩序时，自由才能到来。有秩序就有美德，那美德不是社会的美德，它与体面、传统或者在混乱中建立起的道德毫无关系。

美德是鲜活的，就像一朵花，充满了美丽，充满了芬芳，却无法被培育。美德是一种运动，就像所有活生生的事物一样，你无法捕捉它、握住它，也无法说自己品德高尚。如果没有自由、秩序、纪律和美德——它们实际上都是一回事——冥想只不过是一个称谓，只不过是一种逃避，对现实和日常生活的逃避。但是秩序、自由和纪律就在日常生活中，所以日常生活就是冥想——你明白吗？我希望你理解了。冥想就在日常生活中，在你微笑的样子，在你看着别人的方式中，就在关怀、温柔和慷慨中，它如实觉察愤怒、残忍、暴力和侵略——冥想的心就在其中。

当你拥有了这完整的秩序——不是片段化的秩序，不是你心灵的一部分有秩序而其余部分却混乱不堪；秩序不是支离破碎的，秩序是绝对的，就像二加二等于四而不会等于五一样——有理性在其中。混乱之所以存在，是因为我们不理智地对待我们的信仰、我们的教条、我们的财产和依恋；我们不理智，因为最深的根源是恐惧。所以，当你用冥想打下日常生活——你日常生活中使用的词语、姿态、感受和热情——的基础，那么你就打下了秩序的基础，我们就可以继续前行。

你会发现冥想不是专注。专注，是一个狭隘、排外、分裂的过程，而与冥想毫无关系。你看，先生们，若要发现真理，你就必须摒弃别人所说的一切，摒弃你的古鲁、你的宗教、你的书本，不再作为一个印度人、一个穆斯林、一个基督徒、一个英国人或者德国人，彻底否定那一切；然后在那否定中（那取决于你是如何否定的，因为如果你是出于反应进行否定的，那么你就会制造另一种混乱），你就会从混乱中如实看到真理，因为看到混乱是如何产生的，这看到之中就有真理——就像你从真理中发现谬误那样。

所以此时，因为自由——及其秩序、美德和纪律——并非是片段化的，所以心灵的结构和本质就不再支离破碎。心灵因此不再生活在斗争和冲突的状态之中，这样的一颗心因而没有终点，它广袤无垠、无法衡量、深不可测。这样的一颗心——本身已成为无限——活在慈悲之中，有爱、有美。当有了美和爱，就有了真理，而没有人类头脑所创造的神明。

理解了日常生活并在日常生活中带来秩序，因而有美和爱的心灵，是一颗宗教心灵。这样的一颗心没有悲伤，这样的一颗心是一种至福，有无限的、无法衡量的祝福。

这永恒者即是爱，但词语并非那件事物本身。它有自己的运动、自己的美，那是思想——无论多么敏感和微妙——永远无法捕捉的。思想必须彻底安静，然后那永恒或许就会降临并触及它。冥想是洞察到这两者无二无别。

　　冥想是看到刀脉恒触及不停变化着的生命运动。想从一个罪人变成一个圣人的人，只不过是从一个幻觉走到了另一个幻觉。这整个运动是一个幻象。当心灵看出这是个幻象，它就不再制造任何幻觉，不再衡量。因而思想停止了想要变得更好的活动，并从中产生一种解放的状态——而这是神圣的。或许，这本身就能接收到永恒。

摘自《会刊》1974 年第 22 期

懂得悲伤

印度，孟买，1968 年 2 月

我不知道你是否曾经认真地问过自己这个问题——悲伤究竟能否终结。人类一直在受苦，不仅仅从身体上，而且从内心、心理上，这种苦难太久远了。人类遵循的是一个无尽悲伤的模式、生与死的模式——生与死都带来深重的悲伤。数个世纪以来，人类从来都没能解决这个问题。

人类究竟能否幸福地、智慧地生活？对于一直生活在腐败、生活在支离破碎的社会中的人们来说——幸福、智慧地生活意味着敏感，意味着内心有巨大的喜悦，而那喜悦从未沾染过悲伤。如果你真的向自己提出这个问题，我想知道你的回答是什么。你也许会说这不可能，我们还是忘了这回事吧；你也许会说人不得不生活在这个丑陋的世界上，与痛苦、老去和死亡为伴，只能偶尔有一点没有动机的喜悦，要么人就是困在了这个没有出口的恶性循环里。

但是如果不能结束悲伤，我看不出你怎么觉悟，你怎么拥有智慧。智慧不是你能从书店中买来的东西，或者积累出来的东西；它既非诞生于传统，也非来自于经验。只有当悲伤终结时，智慧才能来临；悲伤的终结就是智慧。但是我们不知道如何结束悲伤，我们从未用心、用头脑去发现人类究竟有没有可能结束悲伤，过一种不同的生活，一种不会带来这些痛苦的不幸、困惑和恐惧的生活。我们在分析研究方面变得非常聪明，智力非常发达，非常善于做出解释——就像一个一直在犁地却从不播种的人。这种聪明把我们变得非常世俗；世俗就等于用这种破碎的方式培养心灵，头脑变得惊人地锐利、无所不知——从来不说"我不知道"。世俗就是这种谦卑的缺乏。谦卑不是能够被培养的东西，不能像你培育一棵树、一座花园或者头脑的一个小局部那样。谦卑不属于时间，因此你不能说："我将会变得谦卑，假以时日，我将会拥有那种非凡而又简单的心灵状态，始终处于一种学习、观察和聆听的运动之中。"

智慧伴随谦卑而来。当你如实地了解自己时，就会有谦卑；但是，当你有某种理论，依据高我、低我、真我以及诸如此类想象发明出来的东西，那就是虚荣。只有摆脱了悲伤状态的心灵才能去爱，才能懂得爱的美；这样的心灵一眼就能看到事物的全部——大地和天空、晚星或清晨飞起的一群鸟儿，看到它们全部的美；它一眼就能够看到那一切，并懂得美，也就是爱的品质。

有了谦卑才能提出这个问题：一颗存活了一万年之久的心，能否处于一种悲伤永远无法触及的状态中？若要提出这个问题，并发现完全纯真的心灵所具有的品质，我们就必须了解经验的整个结构和本质。每个人都有千千万万个经验，每一天、每分钟都在获取经验；他无法避开经验，无论他喜欢与否，经验就在那里，影响着他的头脑，无论他对此是否有意识。他的心灵——是时间、传统的产物，是人类无尽苦难的产物——究竟能否摆脱经验？不幸的是，我们大部分人都认为经验是必需的，我们认为我们必须用各种各样的经验来丰富头脑，这样，心灵就能变得极其柔韧和清晰，毕竟它经历了那么多，阅读了那么多。我们认为经验无论大小，都是生活不可或缺的一部分；我们不停地想要更多的经验——关于性、上帝、美德、家庭和旅行的经验——日常生活中我们忍受着独处时单调孤独的经验，我们接受了这种生活方式。

随经验而来的是比较。我不知道你是否曾经没有比较地生活过，不把自己跟更智慧、更聪明、地位更高、权力和威望更大的人比较，不把自己跟脸蛋更漂亮、笑容更明亮、长相更讨巧的人比较。人们的内心没完没了地进行着比较——那个更好、更多，把已然如何与应该如何进行比较。当你读到广告的时候，会发现这种衡量不停地、无休止地进行着："购买这个，它能让你变得更聪明"，"使用那个，它能给你些别的什么"。当存在比较，你就不可避免地要用到经验；我们以为如果我们不比较、不衡量，我们就会变迟钝、变愚蠢，就不会有进步。我们将一幅画与另一幅画、一个作家与另一个作家、一个机会与另一个机会做比较；我们以为我们通过对宗教和人类学所做的比较研究，对人类的存在就有了某些了解。如果我们不比较，我们会迟钝吗？抑或我们是通过比较才知道迟钝的——因为另一个人更敏感，有更明亮的眼睛，生活中没有困惑？是不是在你将自己与那个人进行比较的过程中，你才知道你的眼睛更暗淡，你的心灵是困惑的？那种比较帮助你获得了真正的了解吗？就技术而言，必须有比较，否则科学知识就不会存在，但是除此之外，你究竟为什么要比较？如果你不比较，会发生什么？

你听的时候，让你的心观察自己，你会发现它始终困在比较和衡量之中，这带来了不满，因为不满，你就想要更多。你想找到满足并因此导致无数的经验。

经验是什么？在我们进一步深入探讨需要更多领悟的问题之前，你必须了解经验是什么。我们将会探讨完全纯真的心灵，因为只有纯真的心灵、非常非常简单的心灵，才能看到真相，才能清晰地看到真相。装满了经验的心是一颗复杂的心，每一种经验都在心灵上留下了印记，这样的一颗心，无论做什么，都无法懂得那纯真的极乐。

你需要探究经验的本质，这个词的含义是"经过"，但头脑从未真正"经过"一个经验，从未"经过"它并结束它。每个经验都留下了标记，因为存在之前其他经验的痕迹和印记，每个新体验都被之前的经验、之前的印记、之前的记忆所诠释。务必在你身上留心观察这一点。你会发现经验永远不能让心灵自由，永不；你发现你之所以可以识别任何经验，是因为你已经经历过它了——否则你无法认出它。

经验留下印记，这是显而易见的事实。你侮辱了我，我对那侮辱的反应留下了记忆；下次我见到你时，我就用那个记忆去面对你，见到了侮辱过我的你，这又加深了那个记忆；或者如果你赞扬了我，说"你是个多么棒的家伙"，这句奉承话也会留下印记和记忆，下次我再看到你，也会加强那个记忆，我们因此成了朋友。经验留下了抉乐和不快的印记。那么，经验能否在发生时被经历、被经过，这样当你侮辱我的时候，我是如此完整地接收到这个侮辱，因而它在心灵上完全不留下任何印记，因而也不会留下任何记忆，或者同样的，当你奉承了我，那奉承也不会留下印记？——那意味着心灵不再积累经验。请务必理解其中的核心含义。当侮辱或赞扬发生时，心灵是如此清晰、如此敏锐，它能够完整地面对，因为它摒弃了经验。下次请这么做——这么做，不要只是试着去做，或者尽力去做，而是实实在在地去做，因为你非常清楚地理解了经验永远不会解放心灵。

宗教人士们想要得到体验，他们重复某些词句，借以产生一种强烈的精神体验，希望这种做法能够提供某种超凡的经验；而年轻的一代里有很多人吸毒，以获得某种"超验"经验。问题始终是同样的：一个人——所过的生活是如此毫无意义、如此绝望，内心如此贫乏、如此单调，如此固守于模仿性的常规之中——他自然想要某种能带给他更多喜悦、更多视像、更多有意义的东西，所以他总是寻求经验——这就是你正在做的事情。你想要证明，你想要寻找它、发现它，也就是说，你想要体验它。但是当你真正理解了经验的本质，当你看到它是如何构建起来的，看到它的本质，看到其中的真相，不再比较，那么你就不会再遵从，就不会有权威，因为你看到没有人能够带给你更高层次的体验。

如果你理解了所有衡量都会带来体验，对更多经验的渴望滋养了那些僭越权威的人——牧师、僧侣，那些知道更多天地道理的人；如果你理解了这一点，你就能够探索悲伤这个问题，人们为什么受苦，不仅仅身体上承受着严重的疾病，而且为什么当有人死去时他会痛苦，为什么当他不能成功、不能实现自我时就会觉得痛苦，当没有支持、没有人可以依靠、当他孑然一身时，为什么会突然觉得孤独——他究竟为什么受苦？正如我们所说，若要了解这些，你就必须谦卑；但是你并不谦卑，你读了太多的书，来探寻悲伤到来的原因以及如何才能停止悲伤。所以在追求结束悲伤的过程中，你变得非常世俗；你学会了如何避开悲伤——狡猾地避开它。

若要理解悲伤和悲伤的终结，你就需要理解恐惧；不是从智力上或者语言上"理解",而是真正把握并理解恐惧的含义,这样你就能直接面对那个事实本身。当你面对事实,思想就不会运作;当你面临巨大的打击、严重的危机时,思想就不会进入。我不知道你有没有注意到这一点。一旦思想进入,时间就产生了。(我有没有解释过这些——思想是如何滋生时间的,时间为什么是悲伤、是恐惧?需要我解释一下吗?需要?那太糟糕了!因为你知道那意味着什么——意味着一颗依赖词语和解释为生的心,一颗已然变得如此迟钝,因而无法迅速地即刻看到某件事情的真相的心,但是你认为当人们将真相解释给你听的时候,你能够理解。解释和定义只会让心灵更加迟钝。我会给你一个简要的解释,但是那个解释并不是事实本身。不要和解释待在一起,把它吐出来,就像吐出一个味道不好的东西一样。)

思想是时间,思想是恐惧。你必须理解这一点,不是从语言上,而是真正地理解,因为当你遭遇死亡这个巨大的问题时,若要理解它、经历它、看到它全部的美,就必须理解思想是时间,必须理解思想是恐惧。昨天有一次快乐的经验,于是思想说:"我希望明天再次拥有那种体验。"看看发生了什么:你昨天有了一次快乐的经历,你想明天再把它重复一次,思想把那次经验作为记忆保留了下来,并希望第二天再次重复那个经验。这就是在性这个问题上你想做的事情——你想在明天重复昨天的经验。思想制造了昨天和明天,但是明天是不确定的,明天是截然不同的东西。思想真正知道的只有昨天。所以思想属于昨天,思想是陈旧的,从来不是新鲜的。

思想——也就是经验、知识及存储起来的一堆记忆,思想就是从中产生的反应——制造出了昨天这样的时间。我昨天非常快乐,我观看了壮丽的落日，夕阳熠熠发光，落在金碧辉煌的海面上，飘过的云彩溢满绯红的色彩，有着无限的美——它过去了，现在是一个记忆，明天我会再去看，那时的落日也许就没有了缤纷的色彩，没有了这样的美。思想制造了昨天和明天这样的时间。这很容易理解。所以是不是思想制造了对死亡的恐惧？在明天，在未来，将会有一个终点，因为你在大街上经常看到死亡的发生；你知道死亡，它就在那里，每天与你擦身而过。而思想以为死亡在未来，会在未来的某个时间到来；所以生与死之间有个间隔、有段时间。那个间隔、那段时间，就是恐惧。那段时间、那个间隔，由思想所创造。

我们知道生，我们也知道死。我们知道我们所过的生活——满是冲突、斗争、不幸和痛苦的心灵，没有爱和美——还有那件叫作死亡的事情，是突然的结束。关于死后会发生什么，人类发明了各种各样的理论，整个亚洲都相信转世，但那只是一个希望，因为如果那个信念真的是你实际生活的一部分，那么你今天就会正确地生活，你的行为和思想就会是善良正直的，你就会友好、慷慨、慈悲，因为，如果你不这样，那么下一次你就会为此付出代价——这就是转世教给你的东西。但是你并不相信，它只是一个观念、一个希望——心怀恐惧的人的希望。所以你需要再次审视这整件事情，再次审视你的信仰。信仰无论如何都毫无意义。

悲伤能否终结？或者说，恐惧能否终结？当你为某个人的死去而哭泣，你是在为自己哭泣还是在为别人哭泣？你曾经为别人哭泣过吗？请务必仔细听。你为别人哭泣过吗？——为大街上那个只有一片破布遮体、肮脏不堪的可怜女人或者男人而哭泣？你可曾为他哭泣？你可曾为战场上被杀害的儿子哭泣过？你哭泣过，但那哭泣是出于自怜呢，还是因为一个人被杀害了而哭泣？如果你是因为自怜而哭泣，你的眼泪就没有意义，因为你关心的是你自己；而"你自己"是一堆记忆和经验，是过去的传统；你哭泣，是因为你失去了他，而你在他身上投入了许多的关爱——那并不是真的爱。你为死去的兄弟哭泣，为他哭泣，而不是为了你自己。因为他故去了而为自己哭泣是很容易的一件事。你可曾问过自己他身上发生了什么事，他为什么死去？我知道你会告诉我的所有答案。你会说他死于疾病、意外；这是他的业报，是他的命运，他没有好好活着。解释，解释，再解释，你是为了解释而哭泣呢，还是为了另一个人而哭泣？你关心过别人吗？请注意，你得自己来回答这些问题，因为你已经变得如此世俗、如此极端地冷漠。如果你是为别人而哭泣，那么你会做些什么的。但是，如果你是出于自怜而为自己哭泣，那么你就会变得更加冷漠。尽管从表面上看，你哭泣是因为你的内心受到了触动，但是除了自怜以外你并没有被触动。自怜使你冷漠，将你封闭，让你变得迟钝和愚蠢。这就是人类如今变成的样子，因为他们为自己、为自己的命运而哭泣，而他们的命运与另一些东西相比总是显得微不足道。

悲伤的终结是智慧的开始；当有了自我了解时，智慧就会自然地、轻松地到来。当你知道你只是在为自己而哭泣，因为你孤独、你被抛下，于是出于自怜而哭泣，这时智慧就会到来。一直是"你"在哭泣，如果你理解了这一点，理解意味着你直接与之接触——就像你触摸一棵树，就像你触摸那根柱子或者谁的手——那么你就会看到悲伤是以自我为中心的，你就会看到悲伤是由思想所创造，是时间的结果。一年前我失去了儿子，他死了，现在我很孤独，我无处寻求安慰和陪伴，这让我双眼含泪，而这是我的自怜，我实际上完全不关心我的儿子。如果我关心，我会确保他正确地生活，获得恰当的食物、正确的锻炼、正确的教育，这样他就能够独立，成为一个自由的人。但是你不关心这些。你不是在为别人哭泣，你是为狭隘卑劣的自我哭泣，而那个自我是如此精于自己的卑劣琐碎之道。你可以看到这一切就在你内心发生——如果你去看，你是能够看到的——你一眼就能彻底看到它的全部。你能一眼看到整个结构，而不是花时间慢慢来，也不是分析它，你能够看到这个被称为"我"的卑劣的小东西的本质，"我的"眼泪、"我的"家庭、"我的"民族、"我的"信仰、"我的"宗教、"我的"国家——所有那些丑陋都在你的内心之中。因此，你能够看到，你对在这个国家和其他国家中上演的每次战争、每种暴行都负有责任。

当你用你的内心而不是你的头脑看到这一切，当你从你的心底真正看到这一点，那么你就拥有了终结悲伤的钥匙。这把钥匙开启了一扇门，可以通往一颗完全未被经验沾染因而纯真无比的心，那颗纯真的心并非被思想变得纯真，思想对此无能为力，思想是陈旧的；纯真之美始终新鲜，因而始终年轻——只有这种完全的纯真才能看到无限，可以看到心灵那无法衡量的状态、那个人类世世代代所追寻的状态。

摘自《会刊》1976 年第 29 期

轻盈的心

印度，新德里，1969 年 11 月

问题有很多。房子着火了，并不是只有你那个特定的小地方，而是每个人的房子都着火了；你住在哪里并不重要——不论是在富裕的国家中还是在贫困不堪的国家中——房子着火了。这不是一个理论，不是一个观念，也不是大师们、专家们指出来的事情。世界上有叛乱，有种族冲突，有严重的贫穷，还有人口爆炸，也没有什么无法跨越的限制了——无论是登月还是在对快乐的追求方面。组织化的宗教及其所有的教义、信仰、教条和牧师，已经彻底失败了，再也没有任何意义。世界上战争不断，而政客们试图带来的和平，根本不是和平。

你是否看到了这一切？——不是作为理论，也不是让你接受或者拒绝的某种说法，而是某种你不可能逃避的东西，无论是退隐到某个寺庙，还是蜷缩到某种过去的传统理念中，你都无法逃避。那个挑战都在那里等你来应对，这是你的责任。你必须行动，你必须做一些完全不同的事情；如果可能，去发现有没有一种新的行动、一种新的方式来看这整个生存的现象。

你不能用一颗陈旧的心来看这些问题，这颗心过着一种局限的、民族主义和个人主义的生活。"个体"这个词意味着一个未被分割、不可分割的存在。但是每个人的内心都是分裂的、支离破碎的，身陷冲突之中。你的样子，就是社会的样子和世界的样子。所以世界就是你，不是与你分开的、在你之外的东西。当你观察到全世界的这些由政客及其对权力的贪欲所招致混乱的现象——牧师重复他们旧有的反应方式，用拉丁文、梵文、希腊文或者英文诵念着某些词句，这也助长了混乱，于是你对任何事或者任何人都不再抱有任何信心或者信任。你对外界发生的事情观察得越多，你对内心的观察越多，你就越不会相信任何事情，你对自己也不再有信心。

所以，问题是究竟有没有可能立刻抛掉所有局限。也就是说，因为危机极其严重，你必须有一颗崭新的头脑、一颗崭新的心，心灵中要有一种崭新的品质、一种新鲜、一种纯真。"纯真"这个词意味着不会受伤。它不是一个符号，也不是一个概念，而是去真正弄清楚你的心能否不被任何事件、任何心理负担、压力和影响所伤害，这才是彻底自由的。如果你的心有任何形式的抗拒，那么它就不是纯真的。它必须是一颗能够像初次看到那样去看这场危机的心，用一颗新鲜的、年轻的心，而不是一颗叛逆的心。学生们反抗模式和既定的秩序，但是反抗并不能解决人类的问题，人类的问题远远超出了学生的反抗所及的范畴。

被严重制约的心灵能否突破出来，进而拥有巨大的深度，拥有一种品质，那品质并非训练、宣传和知识的产物？被痛苦所负累，因生活中的各种问题——冲突、困惑、不幸、野心和竞争——而步履沉重的心，能否知道爱意味着什么？没有嫉妒、没有羡慕的爱，不被智力所掌控的爱，不仅仅是快乐的爱。心能否自由地观察、自由地看？头脑能否理智地、健全地、客观地推理，而不做观点和结论的奴隶？头脑能否毫无恐惧？心能否知道爱意味着什么？不是根据社会上的道德，因为社会道德就是不道德的。根据社会的标准，你们都非常道德，但实际上你们是非常不道德的一群人——不要笑，这是一个事实。你可以野心勃勃、贪婪、嫉妒、贪得无厌，充满仇恨和愤怒，而这些被认为是完全道德的。但是，如果你性欲强烈，那会被认为是可怕的事情，你自己得严守这个秘密。你有思想和行为的模式——你应该做什么事情，一个托钵僧的行为举止应该如何，如他不可以结婚，他必须过独身的生活——这全都是无稽之谈。

那么你该如何面对这个问题？你该怎么办？首先，你需要意识到你们都是语言的奴隶。"成为"这个词制约了你的头脑。你的所有局限都基于"成为"这个动词："我过去如何"，"我现在如何"，"我将要如何"。"我过去如何"制约和塑造了"我现在如何"，现在又控制着未来。所有的宗教都以此为基础。你所有观念上的进步都以"成为"这个词为基础。一旦你使用这个词，不仅仅从语言上而且实际上带着那样的含义，你就不可避免地加强了"我现在如何"这个状况——"我是上帝"，"我是永恒"，"我是个印度教徒"。一旦你活在那个观念之中，活在现在如何、变得如何或已经如何此类感觉之中，你就是那个词的奴隶。

危机就在此刻。危机从不在未来，也不在过去：它就在此刻，在心灵真实的此时此刻，而心受制于"成为"那个词，因而无法面对问题。一旦你困在"成为"这个词和它的含义之中，你就有了时间，并认为时间将会解决问题。你是否明白了这一切，不是从语言上，而是从你的内心、你的头脑、你的存在之中理解了这一切？因为这是拥有无限广大的意义、价值和重要性的问题。因为你一旦摆脱了那个词及其背后的含义——过去、已经如何制约着现在并塑造着未来，那么你对现在就会有即刻的反应。

如果你真正理解了这一点，你的世界观就会有一场非同寻常的革命。这是真正的冥想，是摆脱时间的运动。

对自身有了觉知的心灵，能否看到这个真相？——不是从智力上，因为那毫无意义。你知道，当遇到危险时，你对危险的整个反应都是即刻发生的。你看到一辆巴士向你冲来，你的反应是立即做出的。当你说"我会去爱"，那就不是爱。请不要把这当作一个理论来接受，或者一个观点去思考。你不会思考危险，因为没有时间，只有行动。不再从时间也就是"成为"的角度进行思考的头脑，其行动脱离了时间。而危机迫切需要摆脱了时间的行动。

这是最困难的事情之一。不要说你已经理解了。不要说让我们继续往下进行，因为你的整个文化都以"我现在如何"这些词语为基础。一旦你有"我现在如何"这种感觉，你就必定身处矛盾和分裂之中——"我如何"和"你如何"，"我们和他们"。分裂发生的那一刻，确认"你如何"的那种分裂，使得你不再是一个个体——一个单独的完整的单位。你知道"完整"这个词意味着什么吗？完整意味着健康，也意味着神圣。所以，本身完全未被分割的个体是健康的、神圣的，那意味着他没有冲突。

你是不是像讲话者一样努力工作着，或者你只不过是听到了一些词语？沟通的意思是一起构建和创造，这就是沟通之美。当讲话者变成了一个权威，而你们只不过是像学生或者弟子那样听取时，沟通就停止了。这里没有老师、没有弟子，只有学习。你学到的东西来自过去，根据积累的知识去行动，是一个获取的过程，而学习应该是一个运动，而不是积累。

如果你用你的内心和头脑理解了这一点，你就会过一种不同的生活。在学习中进行检验和证明是你的生活。面对这场危机的心始终是新鲜的、崭新的，充满了生命力。但是，如果你按照"我如何"的方式、按照过去的方式做出反应，那么你的反应就会制造更多的不幸、更多的痛苦、更多的战争。

既不依照过去也不根据未来，即刻做出反应的头脑和内心，具有怎样一种崭新的品质？一旦它根据过去做出反应，就依然生活在"成为"这个词的框架之中。我换个方式来解释好了。我们的行为基于观念、知识和传统，是记忆。在技术领域内，那是必需的。整个科学知识和技术的发展，以经验、积累和知识为基础，这是绝对必要的。但是拥有崭新的品质、崭新的维度和崭新的方式的心，其行动必须既不带有过去也不依据未来——那意味着自由。

那种行动的自由要怎样才能到来？心如何才能没有过去地行动？——而过去是作为印度教徒的制约，过去是影响、教育和种族遗传的产物。如果你以这样的方式行动，那么你就没有面对危机。问题是：摆脱了过去、摆脱了"成为"这个词其含义的心，会如何行动？

如果你理解了这个问题，那么你就会发现，重要的是洞察、看到、观察。如果看到和行动之间有一个间隔，那个间隔就是时间。当你看到危险，那个危险可能导致身体上的伤害，那么你的反应就是即刻做出的，没有思考余地的。看到和行动之间没有间隔、没有空当，只有即刻的反应和行动。

那么，看到了问题无法借助过去得到解决，按照过去的方式，你无论如何都不能充分地、完整地对这个巨大的挑战做出反应，当看到了这一点，产生的行动就是全新的。你明白了吗？你明白这样的反应了吗？或者你只是从智力上，也就是语言上明白了？如果你从语言上明白了，那么你就是在片段地看，那不是完整的反应。但是，如果你真正看到了制约你、你成长于其中的文化的危险所在，就会即刻做出自由的行动。

那么，心灵——我们所说的心灵指的是整体，其中完全没有智力、大脑、野心、情感之类的划分，是整体——这样的心灵看到了民族主义和被称为宗教的这种荒唐事物的危险。它看到所有所谓的宗教人士在重复着过去，怀揣着他们对基督、佛陀或者大黑天抱有的意象；它看到如果你根据过去行动，就不仅仅会增加混乱和不幸，实际上也是在堕落。只有当你看到危险却不行动时，堕落才会发生。

如果你看到危险，你会行动；只有看到、倾听和学习的心才是永远快乐的。所以，从来没有静态的行为，而只有行动。在行动中，在这个充分活跃的要素中——没有分割，因而没有冲突。学习处于运动之中，运动之中有自由。但是一颗有结论、模式、观点、评判和承诺的心，不是自由的心；当它面对广大而复杂的生活问题时，无法完整地、全然地、带着那种神圣感去面对。

所以问题就摆在你面前。房子着火了，而你根据过去所做的所有尝试没办法把火扑灭。把火扑灭，需要头脑具备崭新的品质，需要一颗完全不同的心能够活力十足地运作。

爱不是快乐，爱不是欲望。这是你必须拥有的品质——现在就拥有，而不是等到明天——一项你不可能练习，也无法培养的品质。靠练习、培养的东西会变得机械。

真理既不是你的，也不是我的；它不在任何寺庙、任何教堂之中，不在神像之中，也不在符号之中。它就在那里，让你去看、去了解。只有一颗自由的心——美丽、清晰、敏锐洞察的心——才能看到并行动。

摘自《会刊》1973 年第 17 期

慈悲之光

印度，马德拉斯，1970 年

　　我们关心的是人类心理上、内在的转变。人类没有希望，除非我们的意识发生一次心理上的彻底转变。这是一件严肃的事情——一起踏上征程，深入我们的日常生存这整个问题之中，看看有没有可能转变，在我们的思想、我们的行动、我们的行为和世界观本身的结构之中，带来一场彻底的心理革命。我们关注的是我们自己的生活，了解我们的生活，了解我们日常痛苦、冲突、不幸的生活，看看有没有可能在我们内心发生一场深刻的、持久的转变。

　　讲话者将和你们一起探索大脑的问题，我们人类的大脑被破坏了——变形、扭曲得如此严重——被宣传、文化持续不断的压力，被我们的野心、我们的悲伤、焦虑、恐惧还有我们的快乐所破坏，持续不断的压力被加诸大脑之上，这是事实。当大脑有压力，就必然会发生扭曲，除非大脑有更新自己的能力，才能在压力结束后使自己得以恢复，而这一点很少有人能够做到。

　　有倾听的艺术，有观察和看的艺术以及学习的艺术。也许通过这种聆听、观察和学习的艺术，大脑就永远不会感觉到压力，因而能够保持纯净、柔韧、年轻、新鲜和纯真。只有纯真的心灵，才能看到真理。当存在野心、暴力或者抗拒、愤怒、宣传和传统时，大脑就会产生压力——这一切对于大脑来说都是巨大的压力。所以，生活在这些压力之下的大脑，必然会受到扭曲、变形和破坏。在聆听的艺术、观察的艺术和学习的艺术中，通过了解"现状"，领会这三门艺术的全部含义，这些压力就能够得到了解，大脑因而不会受到影响。

你可以观察到各种形式的压力对大脑产生的影响。受损的大脑困在幻觉之中，它也许可以冥想一千年，却依然无法找到真理。受损如此严重的大脑，能否恢复它最初新鲜、清澈的品质和当机立断的能力，而不依赖逻辑和理性，弄清楚这个问题非常重要。理性和逻辑有一定的价值，但它们是局限的。如果你觉察到了这种压力，认出了它、意识到了它，那么我们现在一起做的事情是，我们要自己去了解，我们有意识的思维是不是各种压力的结果，思想是不是扭曲的头脑的产物。接下来的问题就是，有没有可能让头脑回到它最初未受损的状态，使其能够自由地运转。我们说，只有当你懂得了或者学到了聆听的艺术、懂得了当对别人所说的话有抗拒时要如何去倾听，上述的情形才有可能发生；那抗拒就是你的压力的产物。学习倾听的艺术，是非常简单的。

当你对所听到的话没有任何诠释，不把它转换成一个理念也不追逐那个理念——因为那样的话你与现实是彻底脱节的——此时倾听之中就会有惊人的奇迹发生。如果你用心去倾听，带着关怀和关注，那么倾听本身就像花朵的绽放一样。那倾听之中有美存在。以同样的方式，如实地观察这个世界、外在的世界，连同它所有的苦难、贫穷、堕落、粗俗和残忍，还有科学界、技术界、宗教组织领域所发生的那些可怕的事情，那些欺骗、野心、金钱和权力——观察这一切，而不带入你个人的谴责、接受或否定，而只是观察它，不把它语言化，不妄想看到美，而只是观察。然后同样观察内心发生的事情，你的思想、你的野心、你的贪婪、你的暴力、你的粗俗、你的性欲——只是观察，如果你如此观察的话，你就会发现，你的贪婪以及那一切都会盛开然后枯萎死去，一切都结束了。

这里也有学习的艺术。对于我们大部分人来说，学习通常意味着知识的积累，大脑像计算机一样储存知识，再根据那些知识去行动。我们讲的是完全不同的东西，是不积累的学习。学习意味着对事实有一种洞察。洞察意味着把握例如贪婪的全部含义，领会贪婪的全部本质和结构，对它有深入的洞察，对男阶被称为贪婪的反应有一种整体的理解。当你有了洞察，就不需要再学习，你已经超越了它。了解这三个行动——观察、倾听和学习——是非常重要的，因为如果你充分把握了这三者的含义，那么当你这么做时，大脑的压力就会得到了解和清除。而当大脑中没有空间时，大脑中就会存在压力。

一切都存在于空间之中——树木、鱼儿、云朵、星辰、鸟儿和人类，他们必须拥有一定的空间才能生存。世界的人口越来越多，空间正变得相当局促。这是显而易见的事实。或许人类身上的压力，正是暴力的因素之一，而这些压力来源于城市或者乡镇中的生活空间不足。不过我们的内心也几乎没有任何空间。也就是说，我们的头脑被满满占据，我们的心如此关注我们自己，关心我们的进步、我们的地位、我们的财富、我们的性、我们的焦虑，正是这些占据妨碍了空间的存在。我们的整个内心世界处于被这种或那种东西不停占据的状态，没有空间；因为没有空间，所以占据的压力变得越来越大，大脑因而受到了越来越严重的损伤。只有当你有余暇时，你才能够学习。但是，当大脑或者心灵被占据得满满的时，你就没有余暇，所以你从未学到任何新东西。没有新鲜空气进来，所以压力对大脑造成的损害越来越严重。这是冥想的问题之一——意识能否摆脱所有压力，而那意味着要有一颗自由的心。

我们在探究冥想是什么，而不是如何冥想。这是你能想到的最愚蠢的问题——告诉我如何冥想。那意味着你想要一个冥想的体系。对讲话者来说，冥想没有任何体系可言。在冥想中，意志行为必须完全停止。意志是欲望的核心，是欲望的高级形式。我们生活中的所有行为都通过意志来展开："我要这么做"，"我不可以那么做"，"我要变得伟大"。意志的最核心是野心，是暴力。在日常生活中没有丝毫意志力的行为，也就是没有控制，这有没有可能？

日常生活中的行为，能不能没有意志力，没有控制？控制者是欲望的核心，而欲望随时间发生各种变化。因此，控制者和被控制者之间始终有冲突。当你按传统的方式接受了冥想，你会努力去专注，会试图控制你的思想。在冥想中，如果你想探究到最大的深度和高度，心灵就必须彻底摆脱所有意志力的行为。当有选择时，意志力的行为就会存在。哪里有选择，哪里就会有困惑。只有当你困惑时，你才会开始选择；而当你清晰时，你就不会选择。所以，选择、意志和控制并肩而行，阻碍了心灵的彻底自由。这一点非常重要。

另一点是，你认为你特定的意识不同于我的或者别人的意识。是这样吗？你的意识包含了灌输到头脑中的所有文化、传统和你读过的书，斗争、冲突、痛苦、困惑、虚荣、傲慢、残忍、不幸、悲伤、快乐——

那一切就是你作为一个印度教徒、一个佛教徒的意识。那么，有没有可能摆脱这些内容？心灵，我们所说的意识，能否摆脱它的内容？了解这一点，是非常重要的，不是如何让意识清空内容，而是首先要觉察到它。觉察意味着如实地观察世界、了解世界，了解树木、自然、美和丑，觉察到你的邻居穿什么衣服，同时也觉察到你的内心是怎样的。如果你是如此觉察，在那觉察之中，你就会看到有大量的反应存在，喜欢和不喜欢，可能的惩罚和奖励。你能否觉察而不带有任何选择，无选择地觉察，只是觉知，而没有任何选择、任何偏见？彻底觉察你的意识——即，意识能否觉察它自己？也就是说，思想、你的思维能否觉察到它自己？

大脑就像一台计算机。它在记录，记录你的经验、你的希望、你的欲望、你的野心；它记录每一个印象，从那些印象、从那些记录中，思想得以产生。现在，我们问，能否觉察思想的产生，就像你意识到你的愤怒产生一样？你可以觉察到，不是吗？因为你能够觉察到愤怒的产生，所以你能不能觉察到思想的产生？也就是说觉察到那个生长着、绽放着的东西。同样，能不能觉察到你的意识，觉察到它的整体？这是冥想的一部分，更是冥想的精髓——毫无选择地觉察你外面的世界和你内心世界激烈的冲突。当你走到了这一步，你就会看到世界与你并不是分开的，世界就是你。意识一旦觉察到它自身，组成意识的各个部分就都消失了。然后意识变成了一种截然不同的东西。那是整体的而不是局部的意识。

我们大部分人都习惯了体系，习惯了各种形式的瑜伽、各种形式的政府、各种形式的官僚主义制度，它们都以体系为基础。你的古鲁给你一套冥想的体系；要么你拿起一本书，从中学到了某个体系。体系意味着通过部分去了解整体，通过学习局部，希望能够了解生活的整体。你的头脑、你的心灵被训练去遵循各种体系，政治体系、宗教体系、瑜伽体系或者你自己的体系。当你遵循某个体系时，你就陷在了窠臼之中，而那是最容易的生活方式。一个体系就像是一条铁轨，体系的追随者不知道他们就像是轨道上的火车一样，不停地沿着限定的路线往前开。

所以，专注是对其他所有思维形式的抗拒。你培养了抗拒，但专注只在某个层面上是必需的，即使在那个层面，如果我们学会了如何关注，专注就会变得非常容易。我们来弄清楚关注意味着什么，那是对某件事情付出你的心、你的头脑、你所有的感官，全神贯注。当你如此全神贯注，当你所有的感官完全清醒并且充分观察时，在那个过程中或者在那种关注的品质中就没有中心。没有中心，也就没有空间的局限。我们大部分人都有一个中心，也就是"我"这个形式，自我、个性、性格、倾向、癖性、特点等等。每个人身上都有个中心，那是自我的核心，是自私。只要有中心，空间就必然始终是受限的。这就是我们为什么说被占据的心始终在形成一个中心，所以那种占据限制了空间。当有了全然的关注，当你观察、聆听、学习，让你的所有感官保持醒觉时，就不会有中心。

在日常生活中这么做，把它运用在你与妻子（或丈夫）、与邻居、与自然的关系中。关系意味着相联结。你对自己或别人都不抱有意象时，才能与别人相联结，而此时你与别人的关系才是直接相关的。

慈悲从那种关系中产生，那是对一切的热爱。只有当有爱的这种芬芳、这种品质时，慈悲才能发生；而爱不是欲望、不是快乐、不是思想的行动。爱不是思想、环境和感官感受拼凑出来的东西。爱不是一时激动，爱不是感官感受。爱意味着对岩石的爱、对树木的爱、对流浪狗的爱，对天空、对美、对落日的爱，对你邻居的爱，无关性欲感受的爱，而现在性被与爱联系到了一起。当你野心勃勃时，当你追求权力、地位、金钱时，爱就无法存在。如果你是一个妻子，当一个男人所有的心思都专注于成为什么，专注于在这个世界获取权力时，他怎么可能是爱你的呢？他可以与你同床共枕、生下孩子，但那不是爱。那是会带来诸多痛苦的情欲。如果没有爱，你就无法拥有慈悲。当有慈悲时，才会有清晰，那是来自慈悲的光芒。每个行动都是清晰的，从那清晰中会产生技巧，沟通的技巧、行动的技巧，倾听、学习和观察等这些艺术的技巧。

冥想是智慧的觉醒，那智慧诞生于慈悲、清晰和它所运用的技巧。那智慧是非个人的、无法培养的；它只来自于慈悲和清晰。这一切就是冥想，而且还有更多——当心灵自由因而彻底安静时，就会有更多。如果没有空间，心就无法安静。所以，寂静并非来自于练习和控制，也不是两个声音之间的空当、两场战争之间的和平；只有当身体和心灵处于没有任何摩擦的彻底和谐之中时，寂静才能到来。此时，那寂静中有一种整体的运动，那种运动就是时间的终结，也就是说时间结束了。冥想中还有更多，那是去发现最神圣的东西，这种神圣不是寺庙、教堂中神像的神圣——那是人造的、手工制造的，由头脑、思想所造。有一种未被思想沾染的神圣，只有当我们在日常生活中带来彻底的秩序时，它才能自然地、轻松地、快乐地到来。当我们的日常生活中有这样的秩序时——秩序意味着没有冲突——从中就会出现爱、慈悲和清晰这样的品质。冥想就是这一切，不是逃避生活、逃避我们的日常生存。而知道冥想这项品质的人是幸福者。

摘自《会刊》1983 年第 45 期

论冥想

印度，1970 年

人类的心灵，已经存在了数千年之久，应该彻底改变并解除自身的制约。只有如此，许许多多复杂的生存问题才能得到解决。心灵能否经历一场彻底的手术、一次根本的突变，不仅仅改变脑细胞本身的结构，而且也改变内心和头脑的品质？这样的一颗心能否在混乱、残忍和暴力的生活之中——现代社会正是如此——自由地、不受打扰地、安静地运作，不带有任何抗拒，也不从社会中退隐？

我发现迫切需要带来一颗清新的心灵，而不是拥有千万个经验的心，也不是困在某种特定的宗教、社会或经济文化模式之中的心。这些模式贯穿整个历史，被没完没了地重复着，只在这里或那里改动一点点。经济和社会革命实际上根本不是革命。作为人类的一员，在这个混乱的世界上，这个有着巨大的悲伤、丑陋及暴力的世界上，过着一种毫无意义的生活，我想知道人类的心灵能否真正地转变。在那种转变本身之中，就有我们所有问题的解决之道——爱和真相的问题、是否有上帝或真理、人类能否没有冲突地一起生活。若要用你的心、你的生命去真正弄清楚这些，就必须有自由——看、探究、观察的自由。观察的自由当然是首要的事情，因为只要有任何形式的偏见、结论，任何理想、信念，尤其是只要有任何恐惧，自由就被否定了。

如果有任何形式的恐惧，显然整个心灵的整体就无法去看。我们登上了月球，这是一项非凡的成就。我们的大脑有能力办到这些。但是我们的内心是奴隶，没有自由；我们无数次地重复着同样的社会、宗教和经济模式。在心灵和我们生命的最深处，根本没有任何改变。我们是一群现代怪物。

心灵究竟能否经历这场巨大的、立即的革命？这样它就能带着一种崭新的品质来生活，没有这种对快乐的渴望——快乐完全不同于美和喜悦的绽放。快乐从来不是喜悦，因为快乐中始终有恐惧。而一颗没有狂喜的心不可能是自由的。快乐是思想的产物，而思想始终是陈旧的；思想从来不是新鲜的，思想从来不是自由的，尽管你也许会谈论自由。思想在任何层面上都无法自由，因为思想是记忆的反应，而记忆始终属于过去。思想根植于时间，也就是过去之中。当讲话者说到这些时，请在你自己身上观察这一点，不要仅仅同意或者不同意——那毫无价值。

人类的心灵，有着惊人的能力，但从未发现它究竟能否自由——从根本上摆脱恐惧，因为我们被不计其数的恐惧所连累。若要发现，你就必须观察你怀有的恐惧——不谴责它们，不压抑也不逃避它们。那观察之中没有观察者和被观察之物的划分。观察它们，而不带着过去、"我"（也就是观察者）。

当讲话者讲到这一话题的时候，请务必试着去做，因为我们今天晚上将会探讨一些非常复杂的问题。如果你不从一开始就这么做，你就跟不上后面将要讲到的内容（我也不知道最后将会讲到什么）。一颗恐惧的心不可能敏锐、清晰、不困惑，所以它永远无法知道喜悦或者极乐的品质是什么。

人必须摆脱恐惧，不仅仅摆脱意识层面的恐惧，而且要摆脱心灵深处所谓潜意识层面的恐惧。我们大部分人都无法通过一步步地分析自己，使自己达到非常清晰的状态；我们必须深入探索一下，来了解分析的毫无意义。整个分析过程都是完全错误的，如果我们可以使用"错误"这个词的话。因为其中总是有个分析者，也就是过去、是累积的知识；而他，头脑这个整体的一个碎片，总是从他积累的东西出发，去分析其他的碎片。观察你自己的分析活动，稍稍深入进去探索一下，看到这种行为的彻底无益，就会给心灵带来一种洞察的特质。

分析者和被分析者，是心灵整个支离破碎的状态中两个分离的状态、两个分开的运动。一个碎片叫作分析者，分析着另一个碎片，得出了一个结论，并从那个结论出发进一步分析。但是得出的结论没什么价值。而分析意味着时间，因为需要花费很多很多时日去分析。

内省式的分析，或者借助梦进行的分析等等，意义甚微。如果你有些轻微或者严重的神经质，那么那种分析也许有一点意义，它能帮助你适应这个腐烂的社会。所以分析根本不能带来自由。那就像是你在自己身上挖了一个越来越深的坑，然后困在了里面，永远不能获得自由。或许头脑会说天堂或涅槃中有自由，其实那是一种逃避。

如果你用你的身体、你的神经、你的头脑、你的内心、你的耳朵去全然关注，才有可能不带任何扭曲地观察。此时你就会发现，如果你是如此关注，就不会有一个被称为观察者的实体存在，而只有关注。

头脑的本质和天性是要生存下来——这很明显。头脑坚持生存下来，否则你就无法存在；而它历经了数个世纪的制约，建立了某些反应方式。我们尝试探索的是，头脑本身的结构和本质能否发生一次转变。而我们会指给你看——不是指给你看——应该是我们一起来了解这是否可能。这不是一件荒唐的事情，也不是一种浪漫的想象，因为当你极其深入地探索时，想象就毫无立足之地；没有理论、没有结论，只有从事实走向事实。

心灵的品质必须是超乎寻常的敏感——而如果有恐惧，如果有任何结论、教条和信仰，心灵就无法敏感——这样，被如此严重制约的头脑本身，就能够彻底安静下来，不再以它传统的方式来反应。问题是如何为心灵，进而为整个神经系统和身体带来一种敏感的品质，也带来脑细胞的一种不运动、一种彻底的安静，于是心灵就能够高度清醒、智慧和敏感。清醒、智慧和敏感是同义词，不是彼此独立的。头脑必须彻底安静，才能不带有观察者地洞察。这就是冥想，确保大脑是安静的，彻底的安静，心灵是高度敏感的因而是智慧的。遭遇这种运动，就是冥想。

冥想能不能有某种体系，也就是方法和练习，一次次地重复某件事情？那能够让心灵敏感、有活力、活跃和智慧吗？正相反，它会让心灵变得机械。

因此，任何体系、禅修体系、印度教的体系或者基督教的体系，都是无稽之谈。练习某个体系、某个方法、某个咒语的心，无法窥见真相。你知道，你现在听到了那边的音乐（隔壁院子里传来音乐声）。音乐中有一个曲调，如果你非常认真地听，听着它——不是听歌词，而是听曲调、听声音——你内心就能产生那个声音。心灵可以跟随那曲调、那声音的运动而信马由缰，它会给你一种奇妙的运动感。那也许被称为冥想——重复一套词句能发出某些声音，从内在发出某些声音，然后你可以跟随那个声音运动、驰骋或者与之共处。

但那是冥想吗？玩一个那样的把戏、用声音或者词句催眠你自己？这样的冥想形式是自我催眠的形式，它无法带你到达任何地方。而相反，它让心灵变得极其迟钝，变得不道德——在道德这个词最深层的含义上，而不是社会道德，那根本不是道德。

只有当不存在任何冲突时，这种美德的品质才能出现。此时才有美德。但是，努力变得品德高尚的人是麻木的，因为他生活在冲突之中。你可以抛弃所有体系，因为体系意味着权威；被任何形式的权威所制约的心，都是不自由的，没有能力观察。在所谓的冥想中，在大家通常所练习的冥想中，始终有一种想要体验真理、体验各种幻觉和状态等等的欲望。

经验意味着有个经历者，一个作为体验者的实体。所以，当他经历时，他必须认出他所经历的事情，否则那就不是一次经验。而当他认出时，那经验就已经是已知的了，因而经验属于过去。通过药物寻求体验的心——就像现在西方所盛行的那样——服用各种各样的药物，以踏上伟大的天堂之旅。其中必然有，也始终会有个经历者在渴望、寻找、追求和希望得到各种体验，超验的、超宇宙的等等诸如此类的非凡体验。

而当你追求体验时，你总是会在体验者心灵的模式之内、被制约的范围之内找到那些体验。所以经历者和他所经历的事情之间存在分裂，因而总是有一种寻找、欲求和搜寻，有一种冲突，但我们说那不是冥想。头脑彻底安静时最高形式的敏感，是爱的品质。如果你内心拥有爱，你就会知道爱是最奇妙非凡的东西。爱不是快乐。爱与恐惧毫不相干，也无关于性。它是自由、敏感、智慧的心灵具有的品质，此时头脑不根据过去做出反应，因而是安静的。此时心就会遇上被称为爱的芬芳。懂得这一点，就是冥想。这是冥想的基础。

没有爱，就没有美德；美德是没有任何冲突的运动。而必须有那种自由、那种爱的感觉，你才能亲自去发现真理是否存在，发现被人类世世代代称为"上帝"的东西是否存在；你才会去探索，而不是说"我相信上帝"，就像丑恶腐败的政客们那样；因为这么说能给他带来利益。描述并非被描述之物。若要发现那永恒的品质、那永恒的运动，就必须拥有能量而没有冲突，有那种惊人的觉醒和智慧的能量。所以冥想不是一件可以练习的事情。冥想是生活的方式，整天都在冥想，看、观察、运动和学习。而若要观察，就必须有一颗寂静的心。

生活中有不计其数的问题，经济上的、社会上的不公正，人与人之间、男人与女人之间的冲突，团体和社会各界之间的冲突，以及各种宗教之间的分裂——这一切都没有意义。需要一场革命，心灵的内在革命，来解答所有这些问题。而若要了解这极其复杂的生活，我们所说的那种方式的冥想是必需的。

我们都是人类，不是标签，而是实实在在地生活在这个苦难深重的悲惨世界中的人类，我们需要了解这个世界，了解我们与它的关系和联系。我们就是世界，世界并非与我们是分离的。正在进行的战争是我们的战争，因为是我们人类促成了它们。你需要了解作为观察者的你，了解你自己，而不借助分析。在那观察中，你会发现看到就是行动。只有这样的一颗心才能够自己去发现是否存在真理。它没有揣测、没有理论、没有书本、没有老师、没有弟子。这样的心是一颗晓知极乐的心。

摘自《会刊》1970 年第 7 期

自由

瑞士，萨能，1973 年 7 月 19 日

知道了这个世界是什么样子——而这个世界是由我们每个人制造出来的——及其所有的破碎和分裂、所有的残忍、狡诈、欺骗、暴力和战争，以及上演的一切恐怖的事情，我们就会提出两个核心的问题。首先，有没有可能摒弃这个世界——也就是摒弃文化、文明以及人类几个世纪以来制造的那一切，把心灵从那些制约中解放出来？这是一个问题。其次，有没有可能在这个解除制约的过程之中，心生活在这个世界上却不属于它，不卷入其中？

我不知道你有没有考虑过这件事情有多严重。这不是一种娱乐，不是你因为快乐或者因为绝望而追寻的东西，而是当你意识到这整个世界的运动状况，意识到历史上、外在世界和内心世界的各种复杂之处，才晓得这些问题是极其紧迫的事情。人类破坏了自然，灭绝了某些动物的物种。人类建造了最为壮丽的教堂、清真寺和庙宇，创造了伟大的文学、音乐和绘画作品，这是我们文化的一部分——美丽、丑陋、残忍以及人类相互进行的巨大破坏。这是我们文明中的一部分，而我们又是这

文明的一部分。我不知道你有没有真正充分地意识到这之中都涉及了什么——经济上、社会上和宗教上的一切。如果你在一定深度上探索过这个问题，你必然会关心这个结构——支撑这个世界的结构——能否得到改变；你必然会问是什么导致了这个结构，仅仅通过改变这个结构，人类能否得到改变？这是这个世界上的诸多理论之一：改变外界的环境，那么人类的内，心就会得到改变——这一直是诸多观点之一。但是你看，这种方式行不通，所以，需要改变的是人类，人类进而再改变这个结构。

那么，心灵，你的心灵能否摆脱这个文化？而摆脱文化又意味着什么？这是一个分析能解决的问题吗？这是一个时间问题吗？这是一个"思想得出更为理性、更有逻辑的结论"的问题吗？抑或那是思想的不活动？请和我一起稍微深入地探索一下。这也许有点难——你也许不习惯这种思考，你也许从没想过这件事情。所以请有点耐心，一起来分享这个奇妙的问题。心灵的这种制约，是由时间、经验和知识带来的，它能否通过分析来消除这种制约？这是一点。

分析，这个词本身意味着拆开。通过分析各个片段，我们希望能在意识层面和潜意识的层面上理解并解决制约这个复杂的问题。通过分析者和被分析之物之间经年累月的分析，能解决制约吗？所有那些分析都引入了时间，而分析完成的时候你就已经死掉了！我可以非常非常仔细地、一步步地分析自己，研究原因、结果，结果又变成原因，分析就困在了这个链条之中。头脑能否分析自己并消除它所有的特性、暴力、迷信和各种矛盾，进而带来一种全然的和谐呢？

正如我们所说，分析意味着时间，而时间又是什么呢？时间既是物理上的运动，也是心理上的运动——物理上是从这里到那里的运动，心理上是从"现在如何"到"应当如何"的运动,通过某个理想去改变"现在如何",那就是时间中的运动。对吗?拜托,我们是在一起分享这个问题,而不是你仅仅听我说;我们是在一起踏上旅程,一起探究、发现真相。不是由你来接受讲话者说的话;无论在语言层面还是现实层面,接受讲话者说的话都没有任何价值。真正有意义的是,我们通过探究、通过观察、通过非常仔细地觉察,分享我们亲自发现的东西。那是有价值的;它有实质性的内容、有意义。仅仅听到一堆词语并把它们诠释成观念,然后把这些观念付诸行动,这毫无意义。

所以,正如我们所说,时间是运动。物理上,从这里走到那里,需要时间。心理上,从"现在如何"出发,到达"应当如何",也是一种运动。"现在如何",是过去的结果,是在时间中向现在的运动,而"应当如何"是向未来的运动。这整个运动都是时间,对吗?而思想始终是时间中的过程,因为思想是记忆也就是过去的反应,它基于的是同样是过去的知识,根据那种制约来做出反应,这是一种运动。所以思想是时间中的运动。而分析也是时间中的运动,是思想研究自己的活动。我们受制于分析,如果你深入探索,你会发现那是我们的局限。我们从来都不明白原因会变成结果,结果又会变成原因,这是时间中的运动。而分析不会解放作为时间产物的心灵。

我想知道你是否明白了这一点?如果你观察自己,会发现这很简单。我生气了。我分析其原因,在分析的过程中我得出了一个结论,那是结果。那个结论又会变成下一个结果的原因。这一切都是思想在时间中的运动。思想就是时间。是思想建立了这种制约。我们所有的文化都是思想的产物,表现为感受、身体反应等等。所以分析不可能解除人类心灵的制约。我希望这一点是清楚的——不是语言上的陈述，而是其中的真相、真切的事实，不是断言或者某个表述的重复——分析不会解放心灵，那毫无价值。

所以，心灵看到了分析的谬误，发现了分析不能解放心灵这个真理——也就是说，它在谬误中发现了真理。而分析不仅仅涉及了头脑的意识层面，而且还涉及深层的潜意识层面，那也是时间的产物。意识和潜意识之间的划分是人为的。意识是一个整体。我们可以划分它，我们可以把它切开来研究，但它是时间领域之内的一个整体运动。而当你能够看到整个意识及其内容，潜意识就失去了重要性。你明白吗？我们片段化地看待自己。我们借助思想的活动来观察自己。

你看，先生们，我的意识是一个整体运动。它可以被划分为意识和潜意识，划分为行动和不行动，划分为贪婪、嫉妒、不嫉妒；但它是一个整体、一个整体运动，只有为了研究它才可以被划分成很多片段。而我发现对各个片段的研究无法帮助我对整体的理解。对吗？真正需要的是觉察整体，不仅仅是各个片段，而是觉察时间领域中意识的整体运动。思想能不能，作为思想的我能不能探索这个意识？你看，我想说的是这一点：从个人角度讲，我从来没有分析过自己。发生的只有观察，在那观察本身之中，整体就展现了出来，因为根本不想超越"现在如何"。超越"现在如何"是时间的运动。这点是不是非常清楚了？

所以，我清楚地看到，不通过分析，头脑能够探索和观察意识的整体运动。这是一点。我们关注的是，心灵能否摆脱自身的制约？我看到通过分析它无法摆脱自身的制约，因为那引入了时间，而通过时间去消除时间是不可能的。那么思想能否消除时间呢？思想能否转变心灵、将心灵从其制约中解放出来？现在请注意听这个问题。思想是时间中的运动；思想是运动，因而思想是时间。而由思想对制约的研究依然在时间的领域之内，所以思想不可能消除制约，因为正是作为知识、经验、记忆的思想带来了这场文明，而心灵正是在这场文明中接受的教育。这很清楚。所以，思想无法解除制约，分析也不能。那么你还剩下什么？你明白吗？我们一直把思想当作征服、破坏、改变、分析和战胜的工具。而我看到了思想不可能给心灵带来自由。既然思想是运动。那不运动是摆脱了时间的自由，对吗？思想的不运动是心灵摆脱了时间的状态。现在，我会探讨这个问题，你会明白的。

　　文明和文化的制约，强调我必须争强好胜，教会了我要暴力，甚至鼓励我变得更加暴力。所以，心是暴力的，这就是"现状"。心灵能否摆脱暴力，也就是"现状"，却没有任何思想运动？你明白我的问题吗？我很暴力，于是思想说："战胜那暴力，控制那暴力，利用那暴力"，因此思想为了自己的目的去鼓励、控制或者塑造那暴力。这就是我们一直所做的事情。所以，思想作为一种运动，不停地对"现状"修改，而"现状"本身也是时间和思想的结果。对吗？那么，思想能否没有任何运动，只剩下"现状"，却没有思想的任何干涉？你看，先生们，我很暴力；我知道暴力是怎么形成的。这非常清楚，它是文化的一部分，被经济形势、教育等等所鼓励。我很暴力，这是"现状"。心能否看着"现状"却没有任何运动？任何运动都是时间。所以，心能否没有思想，也就是没有时间地观察那暴力？

　　你们至少理解了我的问题吧？我所受的制约说："运用思想去控制暴力，塑造它、除掉它、反抗它；暴力很丑陋，人类应该要和平。"所以，它提供了所有的理由、辩解和谴责，那些都是思想的运动，而思想是时间，运动是时间。然而，只有一个事实，即这个人是暴力的。至少这点是清楚的。

心能否看着"现状"而没有任何运动？"现状"是暴力。现在，我用了一个词来表示我所说的"暴力"这种感觉，这个词连同它的含义我以前已经使用过了。所以我根据旧有的东西认出了这种感觉。无论我在何时认出一样东西，它必然是陈旧的。所以"现状"是思想的结果。现在，心没有任何活动，也就是不带有时间地面对思想所建立的我称为"暴力"的东西。所以，当不运动遇上思想，也就是时间的运动，会发生什么呢？你们跟上了吗？

你看，先生们，我的儿子死了，我由于各种各样的原因而痛苦不堪，孤独、绝望等等。然后思想过来说："我必须战胜它。""现状"是痛苦，而思想的运动是时间。心面对那痛苦时，试图对它做些什么，逃避它，借助招魂术、灵媒或信仰寻求安慰；它经历了所有那些过程，那都是时间即思想的运动。那么，当面对那痛苦却没有任何运动时，会发生什么？你可曾尝试过这么做？如果你试过，你就会发现不运动彻底转变了时间的运动，而我们称为痛苦的东西就是时间。那意味着痛苦根本不会在心灵之上留下任何痕迹，因为不运动没有时间，而时间不可能沾染不属于时间的东西。

所以心灵被文化、被环境、被知识、被经验所制约——这些都是时间的运动，而思想也是时间的运动。所以，思想不可能转变心灵或者使心灵解除制约，就像分析无法做到一样。问题是：心灵能否在没有任何运动的情况下观察制约、教育造就的这个实体？如果你这么做，那么你就会发现所有的控制感、模仿感和顺从感将全部消失。

摘自《会刊》1974 年第 21 期

超越思想和时间

英国，布洛克伍德公园，1974 年 9 月 8 日

如果我们认真关注人类头脑和内心的转变，我们就必须全力投身于我们自身问题的解决之中，因为我们意识的内容就是全世界意识的内容。尽管意识的内容有些微差异，但我们每个人的意识就是世界上其他人的意识。如果某个意识中发生彻底的转变，那个意识将会影响整个世界。这是一个显而易见的事实。我们耗费了巨大的能量，试图解决我们的问题——智力能量、情感能量、物理能量——而所有这些能量，以及它们的矛盾、冲突和各种各样蓄意破坏的行为，根本没有解决人类的任何心理问题。我想这是一个任何人都无法否认的事实。

我们关心的是，是否存在一种不同的能量，如果我们能够运用它，将会解决我们的所有问题？所以，我们是在一起探索、探究另一种能量存在的可能性，它本身没有任何矛盾，不以分裂性的思想活动为基础，也不依赖环境、教育和文化的影响。我们要问的是有没有另一种行为、另一种运动不依赖于自我中心的活动，那些活动和能量是自我、"我"用自身的各种矛盾制造出来的。有没有一种能量是没有原因的？因为原

因意味着时间。

我们只动用了大脑非常小的一个区域，那个小区域被思想所控制、所塑造，而思想从智力上、情感上和物质上制造出一种自相矛盾的能量，"我"和"你"，"我们"和"他们"，我们现在如何和我们应该如何，以及理想和完美的典范。我希望你们跟上了这些。我们是在一起探索，而不是讲话者在告诉你们该怎么办，因为讲话者没有任何权威，我认为了解这一点非常重要。精神问题上的权威极具破坏力，因为权威意味着遵照、恐惧、月枞、追随和接受，但是，当我们一起探索时，那意味着没有追随感，没有同意或否定的感觉，而只有观察和探究。我们一起这么做。所以，当我们一起时，"你"和"我"就消失了。重要的是探索，而不是你或我。所以，我们一起探索，来发现有没有一种截然不同的能量，不以某个原因为基础，而正是刀阶原因将现在的行动与过去分割开来。

而这种探索意味着我们在询问大脑中是否有一个区域，未被思想所污染，不是进化的产物，也没有文化所触及。从远古时代开始，人类就只使用头脑非常小的一部分，其中有着好坏之间的冲突。你可以在所有的画作、所有的符号、人类的所有行为中看到这一点。好与坏之间、"现在如何"与"应当如何"之间、"现状"与理想之间的这种冲突，催生了文化、基督教、印度教和佛教等等。而大脑的这个小区域就被那种文化所制约。心灵能否摆脱那种制约、摆脱那个局限的区域，进入一个不为时间、因果和方向所控制的区域？

所以，你得从弄清楚时间是什么、方向是什么、人类在心理领域所努力实现的目标是什么开始。心理上的时间是什么呢？钟表上有物理时间，可是心理上有时间吗？时间意味着运动，对吗？时间也意味着方向。

从心理上，我们说"现状"只能通过逐渐的进步来改变，而那需要时间。而逐渐的进步有一个明确的方向，由理想建立起来的方向。若要实现理想，你就必须有从这儿到那儿的运动这样的时间，于是我们就困在了时间的领域之中。也就是说，我是我现在的样子，我必须转变为我应该的样子，若要实现这一点，我就需要时间的运动。而方向则是由思想建立的理想、模式和概念所控制、所塑造。也就是说，理想由思想所建立，思想说"我是这样的，而我应该是那样的"，并朝着那个方向运动。这是人们做出改变的传统方法。现在，我们彻底质疑这一点。

所以，时间是沿着思想设置的特定方向进行的运动，对吗？我们因此一直生活在冲突之中。"我现在如何"与"我应当如何"这个分裂的过程，正是思想的行动，而思想本身是分裂的、支离破碎的。思想把人们分成了各个民族和宗教，分成了"你"和"我"，所以我们始终处于冲突中，而我们试图在时间的领域中解决我们的问题。

所以，如此受制于传统的心灵，能否突破出来，只应对"现在如何"，而不是"应当如何"？要做到这一点，你需要能量，当思想没有离开"现在如何"的运动时，那能量就会到来，并且那种能量能够让自身持续保持稳定。你的心灵就是人类的心灵，因为你属于集体，而非个体——个体意味着不可分割、完整、不分裂、不像人类那样破碎不堪——你那有着自我中心的行为的心灵能否解除自身的制约，不是在未来，而是现在立即解除？你的心灵能否解放自己而不寄望于时间？

时间是观察者，也就是过去，而被观察者是现在。你明白吗？我的心灵受到制约，而观察者说："我有这么多问题，而我无法解决它们，所以我会观察我的制约，我会觉察它并超越它。"这是传统在反应，对吗？

所以观察者，也就是过去，是时间的核心所在，他试图克服、战胜和超越他所观察到的东西，也就是他的制约。而观察者，也就是过去，不同于他所观察的事物吗？他所观察到的事物，是他在自己的局限之下看到的东西——显然如此。所以，他用作为时间产物的思想进行观察，并试图通过时间来解决问题。但是我发现观察者就是被观察之物。

你看，先生们，我用非常简单的话来说。暴力不同于那个说"我很暴力"的观察者吗？暴力不同于那个暴力行为者吗？他们当然是一回事，不是吗？所以观察者即被观察者，而只要存在观察者和被观察者之间的划分，就必然会有冲突。当观察者认定他不同于被观察者时，这种分裂就会产生。对这一点稍稍有些洞察力，你就会发现其中隐含着什么。

我们的身体、心理和智力都处于彻底的混乱和困惑中，而混乱就是矛盾：说着一件事，却做着另一件事；想着这回事，行为却是另一回事。但是大脑需要秩序，才能恰当地、客观地运作。事实显然如此，就像一部机器，如果它无法正常运转，它就没有价值。那么有了这个发现，秩序就能够来到吗？秩序，并非根据牧师或者社会的秩序——那是不道德的——而是没有冲突、没有控制、丝毫不允许时间进入的秩序。那完美的秩序，也就是美德，能够通过对人所处的这些混乱的观察而到来吗？也就是说，心能否观察、觉察到这混乱，不寻求如何解决它或超越它，而是无选择地觉察它？而若要无选择地觉察，观察者就不能干涉观察。观察者，也就是过去，说："这是对的，那是错的，我必须选择这个，我不可以选择那个，应该是这样，不应该是那样"，这个观察者完全不能干涉观察。

那么，你能否观察你的混乱，而不进行任何干涉，没有思想也就是时间的运动——而只是观察？显然，观察意味着关注，当你全然关注混乱时，还有混乱吗？因此，秩序变得就像最高层次的数学那样，是彻底的有序。所以，有一种生活方式，没有任何的控制，那就是观察而没有思想（即时间）的运动。深入其中，你就会看到这一点。产生时间的，是观察者和所观之物之间的划分，当有全然的关注和觉察时，你就彻底去除了这种划分。因此你日常生活中的关系——这是我们在之前的讲话中所探讨的内容——是真正的关系，其中不存在关于"你"的意象或者"她"和"他"的意象。现在，懂得了这些，也就懂得了秩序。大脑那个小区域被文化、被时间所紧紧控制和塑造，我们问，大脑、心灵能否摆脱所有的塑造和控制，而同时又在知识的领域中有效地运作？

我换个方式来说。大脑有没有一个部分，完全没有被人类的努力、人类的暴力、希望、欲望以及诸如此类的一切所触及？你明白我的问题吗？头脑在那个小区域中拥有秩序，而没有那份秩序就没有探究的自由。显然，秩序意味着自由。秩序意味着安全，因而没有干扰。现在头脑说："我看到了秩序的必要性，关系中责任等等的必要性——但是人类的问题并没有得到解决。"于是头脑问："有没有一种不同的能量？"你跟上了吗？这就是冥想——不是安静地坐着，以某种方式呼吸，遵照某个体系、某个古鲁，那都是愚蠢的无稽之谈。冥想是去发现大脑中有没有一个区域有着一种不同的能量，在那个区域中也许时间根本不存在，因而空间也变得无限。头脑要如何去发现有没有这样一种东西存在？

首先，必须要质疑。质疑是一种起净化作用的催化剂，但是它必须被善加利用。你必须不仅仅运用质疑，你还必须让它在掌控之内——否则你就会质疑一切，那就太愚蠢了。所以，质疑是必要的——质疑你所经历的一切，因为你的经验以经验者为基础。经验者就是经验，你明白吗？因此寻求更多的经验是荒唐之举。头脑必须非常清晰，不制造幻觉；你可以想象你得到了一种新的能量，想象你达到了永恒的状态，所以你必须非常清楚自己不抱有任何幻觉。而只有想要达成某事时，幻觉才会产生——我们说的是心理上。当我想要触及上帝，无论那个上帝是什么，那个上帝是我自己创造的，这时就会有幻觉。所以我必须非常清楚地了解这种欲望，以及那欲望催生出来的动力和能量。所以必须要有质疑，并且没有任何幻想的因素。你明白吗？这很严肃，这不是一件玩闹的事情。所有的宗教都制造幻觉，因为宗教是我们欲望的产物，并为牧师们所利用。

所以，若要遇上那能量，如果存在这样的能量，如果有这样一种无限的状态，思想就必须彻底安静——而丝毫没有控制。那可能吗？我们的思想一直在喋喋不休，总是在活动着："我想要发现是否有那个状态；好吧，我会质疑，我将没有幻觉，我会过一种有序的生活，因为那个有序状态也许非常奇妙，所以我必须拥有它。"它没完没了地喋喋不休。那种喋喋不休能否终止下来，而无须任何控制，无须任何压抑？因为任何形式的压抑或控制都会扭曲大脑的整体运动。一切扭曲都必须结束，否则大脑最终会进入一种神经质的虚幻的安全状态。

除非头脑能够彻底安静，否则它无法进入其他任何领域之中，它会把自身的动力带入另一个领域中，如果存在"另一个"的话，因为我始终在质疑"另一个"，我不想被困在任何幻觉中，那太容易、太廉价、太庸俗了。我把这个问题交给你来解决，运用你的能力、你的大脑，来弄清楚你的头脑能否彻底安静下来，那意味着时间的终止、思想的终止，而无须努力和控制，无须任何形式的压抑。你的头脑可曾安静过？不是在做白日梦，也不是一片空白，而是安静、关注、觉察？你难道不知道那种状态是偶尔会发生的吗？若要看到什么、听到什么，头脑就必须安静，不是吗？你对现在所说的话感兴趣，就会拥有倾听中的头脑才具有的这种安静。我对你所说的话感兴趣，因为它会影响我的生活、我的生活方式，我想完完全全地倾听你，不仅仅通过语言，通过语义学上的思想活动去倾听，而且想听到言外之意。我想确切地理解你所说的话，不因我的喜好或自负而诠释它、翻译它。所以，在热切的倾听之中，我必然会有一颗安静的头脑。我想知道你是否看到了这点？我并非强制我的头脑安静下来，对你全神贯注地倾听本身就是安静。为发现头脑能否彻底安静下来所付出的关注，就是安静。头脑的这种安静是必需的，它并非训练得来的安静，因为训练出的安静是噪音，毫无意义。所以，冥想并非控制和指导之下的活动，它是"没有思想"的活动。

然后你就会亲自发现，究竟是否存在某种无法命名，也不在时间领域之内的事物。若没有发现它、没有遇上它、没有看到它的真实或者它的谬误，生活就变成了一件肤浅而空洞的事情。你内心也许拥有完美的秩序，你也许没有冲突，因为你变得非常警觉、非常留心，但如果没有"另一个"，那一切都将变得肤浅无比。

所以，冥想、冥思——不是基督教意义上的，也不是亚洲文化赋予它的含义——意味着思想只在已知的领域中运作，思想意识到它自身无法进入另一个领域。因此，思想的终止意味着时间的终止。

摘自《会刊》1975 年春季第 25 期

时间、行动和恐惧

瑞士，萨能，1975 年 7 月 20 日

我们一起探讨的是一件非常严肃的事情，即是否存在彻底摆脱心理恐惧的全然自由？若要非常深入地探索这个问题，你就不仅仅需要了解时间是什么，而且还必须了解行动是什么，因为行动带来恐惧，恐惧作为记忆储存起来，那记忆局限、控制并塑造行动。所以，如果你想摆脱恐惧，你就必须了解恐惧就是时间。如果没有时间，你就不会有恐惧。我想知道你是否看到了这一点？如果没有明天，只有现在，那么作为思想运动的恐惧就终止了。

除了钟表上的时间，我们还有心理时间。我们就生活在这个领域中，在这个思想即时间运动的领域中，有作为基督教徒、佛教徒或者印度教徒等等进行的行动，这些行动始终处于思想（即时间和衡量）的运动之中。我想这一点是很清楚的，所以我们现在可以深入去探索恐惧的根源是什么。

你现在坐在这里，也许什么都不怕。但是，显然你的意识中有恐惧。在潜意识中，或者意识中，有一种可怕的东西叫作焦虑、痛苦、悲伤、

不幸和恐惧。你也许从心理上害怕明天，害怕会发生什么，或者害怕也许无法达成什么。带给我们巨大快乐、无限舒适的那种关系会持续下去、直到永远吗？或者会发生某种变化？——这正是你心里担忧的事情，因为心灵、头脑的运转需要稳定性、需要安全。请跟上这一点。大脑会得出各种结论，因为那让它安全。那也许是个理智的或者不理性的结论，也许是个愚蠢的信念或者理性的观察。大脑会紧紧抓住这些不放，因为它们为行动提供了一种彻底的安全感。

所以，既有意识到的恐惧，也有潜意识的、潜藏在你内心深处的恐惧，它们从未被探索过、开启过。恐惧就像悲伤一样，是扭曲所有行动的乌云。它滋生出绝望、愤世嫉俗或者希望——这些都是不理性的。而恐惧是思想也就是时间的运动，所以它是真实的，并不是虚假的。

现在我们的问题是，心灵或者你如何拆解这如此深藏的恐惧？它究竟能否被解除？抑或它始终在那里，当有危机或者某个事件发生时，当某个挑战出现时，就偶尔露个头出来？抑或它可以被彻底带走？我们说过分析是一个片段化的过程。当心灵意识到必须彻底摆脱恐惧时，那人该怎么办？他应该等待潜意识通过梦境传达指引和暗示，借助分析慢慢来进行吗？如果你抛弃了那一切，不是从理论上，而是真正地抛弃，因为它们毫无意义，那么恐惧的整体、它的整个结构是怎样的？如果心能够观察、能够了解恐惧的整体，那么潜意识就没有什么重要性，继而更重要的东西就会冲散次要的东西。你没有看到这一点吗？

请跟上这一点。思想制造了麦克风，但麦克风独立于制造它的思想而存在，对吗？山脉并非由思想所创造，它独立于思想而存在。恐惧是思想制造出来的，思想独立于恐惧存在吗？尽管思想制造了恐惧，但恐惧独立于思想而存在吗？如果恐惧独立于思想而存在，就像山脉那样，那么并非由思想所制造的恐惧就会继续存在下去。如果它由思想制造，就像麦克风那样，那么就可以洞察思想也就是恐惧的整个运动。这些话对你来说有什么意义吗？

你如何洞察任何事物的整体？要察觉的是恐惧的整体，而不是不同形式的恐惧各个支离破碎的片段，也不是意识中和潜意识中的恐惧，而是恐惧的整体？我如何洞察我的全部，这个"我"由思想所建造，被思想所隔绝、所分裂，而思想本身就是分裂的，所以它制造了"我"并认为"我"独立于思想而存在？"我"以为自己独立于思想而存在，但是思想制造了"我"，制造了"我"及其所有的焦虑、恐惧、虚荣、痛苦、快乐和希望。思想制造的那个"我"，以为自己有独立的生命，就像思想制造的麦克风独立于思想存在一样。山脉并非由思想所造，它是独立的。思想制造的"我"说："我独立于思想而存在！"这一点现在清楚了吗？

所以，你如何看到恐惧的整体？若要看到某件事情的整体，或者全然倾听什么，就必须有自由，必须摆脱所有偏见、摆脱你的结论、摆脱你想消除恐惧的愿望、摆脱将恐惧合理化、摆脱想要控制恐惧的愿望。心能否摆脱这一切？否则它就不能看到整体。你能否看着你所有的恐惧——请注意听——你能否看着它们而没有任何思想也就是时间的运动？正是思想、时间带来了恐惧。你明白吗？我害怕无法成为什么，因为我被社会所教育、所制约，社会说我必须成为什么人，做一名艺术家、工程师、医生、政客，或者无论什么，我必须成为某个人物。一颗恐惧的种子就从那里发芽了。还有思想害怕不确定的恐惧——思想永远都不牢靠，因为它本身就是一个碎片。思想永远无法看到整体，因为作为一个碎片，它只能片段化地观察。你可以描述出各种形式的恐惧，每一种都无法解决，因为它们被思想所割裂。所以你问：恐惧的根源是什么？我能否不仅仅看到恐惧这整棵树，而且也看到恐惧的根源？

无论是意识到的还是未意识到的恐惧，你认为其根源是什么？如果这个问题是向你提出来的一个挑战，你如何回答？我们就在挑战你。你如何回应？你有没有看到、洞察到这种被称为恐惧的东西其全部根源在哪里，抑或你在等别人来告诉你，然后再接受？你说："是的，我看到了"——那意味着你并没有真正看到。你看到的是有关恐惧的解释。时间是不是恐惧的根源，而时间又根植于思想的运动之中？恐惧的来源是不确定性，因而心理上没有稳定性和安全感，这会影响身体的行动，进而影响整个社会？如果有心理上的彻底安全，就不会有恐惧。我不知道你是否明白了这点？

所以，心从哪里找到彻底的安全——绝对的，而不是相对的安全？思想想得到安全。大脑需要彻底的安全，因为只有此时它才能理智地运作。于是它在知识中、科学中、关系中、教堂中和结论中寻找安全，却没有办法从任何一个里面找到。那么究竟如何找到它？它在外面吗？或者在别的什么地方？我们在一起了解：思想投射出的安全毫无意义，无论那安全是什么。我想要了解在哪里能找到绝对的安全——如果拥有了它，这整个恐惧的问题，生理上和心理上的所有恐惧，就都结束了。

我们的头脑很活跃，追逐着一个又一个念头。我们的头脑在思想活动的过程中，在想法之间存在空当，存在时间间隔。思想总是在试图找到一个方法能够让自己持续存在下去，也就是能够保持不变。思想制造的东西，是支离破碎的，是彻底的不安全。我想知道这一点你是不是明白了？所以，在完全的"无"中，有彻底的安全——那意味着没有思想制造的任何东西。彻底地"无"，意味着与你所学到的一切、思想所拼凑的一切完全矛盾，什么都不是。如果你什么都不是，你就有了彻底的安全。只有在成为什么、得到什么、想要什么和追求什么之中，才会有不安全。

所以，看到了钟表时间之外的那个时间，也就是思想运动的本质，看到了作为思想运动的恐惧的整个本质——那是实现某个想法，或者活在过去中，活在浪漫的、愚蠢的、多愁善感的过去中，或者活在同样支离破碎的知识中——我们看到这样的行动始终是支离破碎的，从来都不是完整的。行动意味着现在去做，而只有在彻底安全时，这才会发生。思想制造的安全不是安全。这是一个绝对真理。这个绝对真理发生在一切空无，你一无所是时。你知道一无所是意味着什么吗？没有野心——那并不意味着你行尸走肉般活着——没有竞争、没有攻击性、没有抗拒、没有伤害建造的藩篱，你就是绝对地一无所是。然后当我们一无所是时，我们的关系会发生什么？你明白吗？与别人有关又是什么意思？你可曾想过这一切，或者很不幸，这些对你来说都很新鲜？

我们的关系从来都不是稳固的，因而那是一场无尽的斗争、无尽的分别，每个人都在追求自己的愿望、自己的快乐，彼此互相隔离。那种关系，因为不安全，所以必然会导致分裂，进而导致冲突，对吗？当那种关系之中有彻底的安全，就不会有冲突。但也许你完全一无所是，而我不是。如果你从心理上、从内在一无所是；如果你因为什么都没有而彻底安全，而我依然不安全，依然争吵、战斗、困惑，那么会发生什么？你和我之间的关系会怎样？你的关系不是思想制造出来的确定性，也不是这样一个人的确定性——他说"我相信那个"——用信念和制约构筑自己的关系，而那会滋生恐惧继而带来分裂。那些始终在上演着，你知道。而这里的情形截然不同。你洞察了、意识到了、理解了、看到了这个真理，即在这种一无所是中有彻底的安全。你和我之间会发生什么？你有诞生于不可动摇的无限稳定性的关怀、爱和慈悲，而身为你的朋友、你的妻子或你的丈夫的我没有。会发生什么事情？你会拿我怎么办？哄骗我，跟我聊天，安慰我，告诉我我有多么蠢吗？你会怎么办？

现在，我们换个方式来看。我们这个帐篷里大约有一千五百个人，你们中的一些人——至少我希望如此——非常认真地听了我的话，付出了注意力、关怀和爱，于是你意识到你就是世界，世界就是你——不是从语言上，而是深刻地看到了这个真相。你意识到了这一点，看到了根本转变这项巨大而紧迫的责任，因为你倾听了，不是被说服了，而是不抱有任何观点，你看到了其中的真相。当发生了这种根本的转变，此时你与这个世界的关系是怎样的？你知道，这是同一个问题。你怎么办？你会等待什么事情发生吗？如果你等待什么发生，那么什么也不会发生。

但是，如果你真的看到了这个真相，即你就是世界、世界就是你，你看到了在你自己身上发生一次根本转变是多么重要，你能影响整个世界的意识——这是不可避免的。如果你是彻底地、完全地安全——在我们所说的意义上——你难道不会影响我吗？我是不确定的、绝望的、我执著、我依赖——你难道不会影响我吗？显然你会的。但重要的是，你聆听并看到这个真理。然后真理就是你的了，而不是别人给你的。

摘自《会刊》1975 年第 26 期

生活可有意义？

英国，布洛克伍德公园，1976 年 9 月 5 日

我想我们应该一起来探讨一些极为重要的事情，这是每个人都应当关注的，因为它关系到我们的生活、我们的日常生活中，关系到我们是如何浪费我们的时间的。生活究竟是怎么回事？它究竟是为了什么？我们出生，然后死去，在这之间的许多年里，有痛苦和悲伤、喜悦和快乐，有无尽的挣扎和努力，去办公室或者工厂上四五十年的班，努力爬上成功的阶梯，积累金钱、快乐、经验和知识，最后是死亡来临。有些科学家说人类的芬芳来自于知识。是这么回事吗？我们有关于许许多多事物的海量知识——生物学的、考古学的，历史学的等等——但是显然知识并没有从根本上深刻地改变人类，冲突、斗争、痛苦、快乐以及为生存而进行的无尽战争依然继续着。

看到这一切继续在每个国家和每个地区上演着，这究竟是怎么回事？用一个情绪化的、浪漫的、神经质的解释，或者理智的、理性的解释来回答，那很容易。但是，如果你把那一切都抛在一旁，因为无论看起来是多么聪明的回答，都非常肤浅，那么我想在这里我们需要提出的一个

非常重要的问题——重要是你自己提出并找到问题的答案，而不是仰仗某些牧师、某个古鲁或者某些哲学概念来回答，不做任何断言，不相信任何事情，不抱有任何理想，而只是非常深入地去观察。否则我们就会过着一种非常机械的生活。我们的大脑习惯了机械的生活方式，这个大脑的一部分必须是机械的，获取知识并在生活的各个方面、各种外在的技术行为的活动中熟练运用那些知识，在这些过程中，这种机械性是必要的。但是，人获得的这些知识——我们可以堆积越来越多的知识——并没有解答这个根本问题：我们生活的意义和深度在哪里？

你看到人类必须彻底统一在一起，因为这是人类从物理上、从生物学上生存下去的唯一途径。政客们不会解决这个问题——永远都不会！相反，他们会保持那种分裂——这非常有利可图。全人类必须联合起来，这对生存下去至关重要，但是这无法通过立法，通过官僚主义的教条，通过法律以及诸如此类的一切来实现。所以，作为生活在这个几近疯狂的混乱世界中的人类一员，当你看到这一切——为了牟利而出售武器，以主义、国家和上帝等等之名杀害别人——你该怎么办？而这一切都是为了了什么？

宗教曾试图提供生活的意义——那些组织化的、喜欢鼓吹和仪式化的宗教。但是，尽管过了两千年或者一万年之久，人类还是仅仅确立了某些原则、某些理想、某些结论，这些全部都是语言上的、肤浅的、不现实的。所以我想，如果你认真的话，亲自去发现生命的意义就变得格外重要——而你必须认真，否则你就根本没有真正地活着，那并不是说你不能大笑或者微笑——认真的含义是完完全全地投入到生命这整件事情中去。所以，当我们询问生命的意义是什么，我们就需要面对这个事实，即我们的大脑困在窠臼之中，困在习惯、传统之中，困在我们的教育造成的局限之中；这种教育只培育知识、信息，使大脑变得越来越机械。

如果我们非常深入地探索这个问题，就必须有深刻的质疑。质疑、怀疑是必要的，因为它们通过否定人类制造的一切——人类的宗教、仪式、教条、信仰，都是思想的运动——才能产生一种自由的心灵品质。思想是一个物质过程，这一点连科学家们都认可了。但是思想并没有解决我们的问题，它没能深入地探究自身；作为一个碎片，它把整个生活也都分解得支离破碎。所以，大脑有机械的特性，这在某些领域中是必需的；但是人类内在的心理结构之中没有自由，它被信仰、被所谓的理想和信念所制约、所局限。所以，当你质疑这一切，把这一切都抛在一旁——不是从理论上，而是完全真正地抛开——那么还剩下什么？你不敢这么做，因为你对自己说："如果我否定了思想制造的一切，那还能剩下什么？"当你认识到思想的本质——那是机械的时间过程，衡量并对记忆做出反应，这个过程给人类带来越来越多的不幸、痛苦、焦虑和恐惧——超越它、否定它，然后剩下的是什么？

若要发现还有什么，我们就必须自由地开始，因为自由是第一步，也是最后一步。若没有自由——不是选择的自由——人就只不过是一部机器。我们以为通过选择我们得到了自由，但是只有当心灵困惑时，选择才会存在。当我们非常清晰地看到事物而没有任何扭曲、没有任何幻象时，选择就不存在。无选择的心灵是自由的，而选择并进而制造出一系列冲突和矛盾的心从来不是自由的，因为它本身是困惑的、分裂的、破碎的。

所以，若要在任何领域进行探索，就必须要有自由，探究的自由，这样在那探究本身之中就没有扭曲。只要存在扭曲，那扭曲背后就必然有一个动机，想要找到答案的动机，想要实现愿望、解决问题的动机，这个动机或许基于过去的经验和知识——而所有的知识都属于过去。只要有动机，就必然存在扭曲。所以，我们的心灵能否摆脱扭曲？而探索我们的心，就是探索我们共同的心灵，因为我们意识的内容与所有人类的意识是相同的，无论他们生活在哪里，从内到外都经历着同样的恐惧、痛苦、折磨、焦虑和无尽的冲突。这是人类共有的意识。

所以，当你探索自己的意识，你就是在探索人类的意识，所以这不是一次私人的、个人化的探索。相反，你正在探索整个世界的意识——而世界就是你。当你非常深入地探索这个问题，就会发现这是一个事实。拥有一颗自由的心有一项极高的要求，它要求你作为人类的一员完完全全地投入到意识内容的转变之中去，因为是内容构成了意识。而我们关注的是这种转变，是这个意识彻底的心理革命。探索这些，你需要巨大的能量，当没有能量的损耗时，这种能量才能产生。人的能量耗费在试图战胜"现状"，否定或者逃避"现状"，或者分析"现状"的过程之中，因为分析者即是被分析之物，分析者与他所分析的对象没有任何不同。正如我们在许多次或者许多年的讲话中所说的那样，这是一个最基本的事实。

我们探问生命的意义和含义是什么，如果有任何意义的话。如果你说有意义，你就已经让自己坚信某种东西了，因而无法探索，你已经开始扭曲了。同样，如果你说生命没有意义，那是另一种形式的扭曲。所以，你必须把肯定和否定这两种主张都彻底摆脱掉。而这才是冥想的真正开始。来自印度如雨后春笋般大量出现，并迅速蔓延到全世界的古鲁们，为这个词赋予了无数含义。有一种超验冥想——我希望他们还没有使用过这个美好的字眼——是重复某些字句——那些词语你出某个价钱就能买到！每天重复三次，每次诵念二十分钟。不断重复任何词语都会给你带来某种宁静感，因为你把大脑的活动降低到了一种机械的安静状态。但这与其他任何东西相比，并没有什么超越可言。而我们以为通过这种做法，就能体验某种超越思想物质过程的东西。

人类寻求超越日常经验的体验。我们对生活中的所有经验感到乏味和厌烦，我们希望捕捉某些并非思想产物的体验。"经验"这个词的意思是"经过"，经过什么事情并结束它，而不是记住它、带着它上路。但我们并没有这么做。若要认出某个体验，那就表示你已经知道了它，它不是什么新东西。所以，想要经验的心，不仅仅是身体上、心理上的经验，而是想要某种更加宏大并超越这一切的经验，这样的一颗心将会体验到它自身的投射之物，所以那体验依然是机械的、物质的，是思想的产物。当你不想得到任何经验，当你懂得了欲望的全部含义，正如我们多次探讨的那样，欲望是感官感受加上思想和意象——那么此时就没有扭曲和幻觉。只有此时，心灵和意识的整个结构才能自由，才能毫无扭曲地活动，毫不费力地看到它自己。有努力时，扭曲才会发生，对吗？努力意味着有"我"和我想要实现的事情，意味着我和它之间存在分裂。分裂无疑会带来冲突。只有当冲突彻底结束时，冥想才会到来。所以，只要有努力、练习和控制，任何形式的冥想都毫无意义。请不要仅仅接受讲话者所说的话。我们是在一起探索，所以重要的是，不要接受你听到的话，而是自己去检验。

所以我们必须探讨控制的问题。从孩童时代起，我们就被教育去控制——控制我们感情的整个过程。控制中有控制者和受控对象，控制者以为他不同于他想要控制的东西。这样他已经分裂了自己，因而始终存在冲突。也就是说，思想的一个碎片对自己说："我必须控制思想的其他碎片"，但是这么说的那个想法本身就是思想的一部分。控制者就是受控对象，经验者就是所经历之事，它们并非两个不同的实体或运动。思想者即思想，如果没有思想，就不会有思想者。这非常重要，因为当这一点被彻底地、深刻地意识到，不是从语言上、理论上，而是真正地意识到，那么冲突就结束了。当你深刻地意识到这个真理、这个规律，那么所有的努力都会结束，而只有当没有任何形式的努力存在时，冥想才能发生。

我们需要通过冥想去发现生活是否具有任何意义。而冥想也是为正确的行为打下基础，正确的意思是精确，而不是遵照某个理想、某个模式、某个方法的正确，而是当能够完整地观察内心发生的一切时，所产生的行动。我们必须通过冥想建立起人与人之间正确的关系，也就是没有冲突的关系。当两个意象之间存在分裂时，冲突就会存在，关于你对别人和别人对你抱有的意象这一点，我们已经做过大量的探讨。冥想中必须没有任何心理恐惧，悲伤才得以终结，此时必然会有我们之前谈到过的：慈悲和爱。这是冥想的基础和根本。如果没有这些，你即使余生都盘腿坐在树下恰当地呼吸——你很清楚人们耍的所有这些把戏——都不会有任何帮助。

所以，当你真正地、深刻地建立起一种生活方式——它本身并不是一个终点，而只是一个开始——那么我们就能够继续前行，去发现心灵，包含了头脑和整个意识的这个整体，是否处于没有任何扭曲的寂静之中。

只有当心灵安然、寂静之时，你才能正确地倾听。安静有各种不同的种类：两个声音之间的安静，两个念头之间的安静，与自己长期作战之后的安静，两场战争之间的安静——你称之为和平。所有那些安静都是噪音的产物，不是安静。有一种安静不是制造出来的或者培养出来的，所以其中没有"我"去观察那种安静，而只有安然、寂静。

我们是从这个问题开始的：生活究竟有没有任何意义？在那种寂静之中，你其实是不会提出这个问题的；你已经使心的领域一切就绪，能够去探索和发现。而我们必须找到答案，但我们从哪里找到答案呢，又是谁来做出回答？是我，一个人去回答吗？还是那寂静本身之中就有答案？也就是说，一旦没有因为动机，因为努力，因为对经验的渴望，因为观察者和所观之物、思想者和思想之间的划分而产生的扭曲，就没有能量的浪费。那么，在那寂静中，就会有更巨大的能量，也必然会有能够超越语言去洞察的那种能量、那种活力、那种力量。因为词语并非它所指之物，描述并非被描述对象。想要登上月球，制造出由百万个零件组成的工具，需要巨大的能量和三十万人一起合作才能组装成功。但是那种能量与我们所谈的能量完全不同。

你看，讲话者对这一切非常认真。为此他讲了五十年或者更久，因为大多数心灵都或深或浅地困在窠臼之中，他一直警惕头脑有没有形成一个窠臼，是不是在那个窠臼中感觉安全并滞留其中，因为如果你待在窠臼之中，无论它多么美丽、多么令人愉悦和舒适，心灵都会变得机械、重复，因而失去了它的深度、它的美。所以我们问：那安静是不是机械的，是不是思想的产物？思想说："必定有某种超越我的东西存在，要去发现它，我就必须安静，我必须控制自己，必须压抑一切才能有所发现。"

这依然是思想的运动，不是吗？所以我们必须懂得专注与觉察、关注之间的不同。

专注意味着将你的精力沿着某个特定的方向集中起来，排斥其他所有的方向，建起一堵抵抗其他所有事情的围墙。觉察则相当简单——如果你不把它弄复杂的话。要觉察你周围的一切，只是去观察。此时就有关注。关注意味着没有一个你从那里出发去关注的中心。那个中心就是"我"，如果你从那个中心去觉察，那么你的关注就是局限的。有选择时，中心就会存在；只要有选择，就总是会有"我"，我的经验、我的知识——与你相分离的我。

而我们现在谈的是完全没有中心的关注。你坐在那里，如果此时你能够以这样的方式去关注，你就会发现你的关注广袤无边，没有疆界，因此你的整颗心、你的一切都全神贯注，没有选择因而没有中心，没有说"我在关注"的那个"我"。那关注之中有寂静，那寂静中包含了不再耗散的能量。只有这样的一颗心才能找到答案，才能去探索——不幸的是，如果我描述它，它就会变得不真实——发现某种超越所有这些艰辛和不幸的事物。如果你为此付出你所有的能量、时间和能力，你就不会再过一种肤浅而毫无意义的生活。这一切就是冥想，自始至终都是冥想。

摘自《会刊》1978 年第 35 期

寂静之心

瑞士，萨能，1979 年 7 月 22 日

你可曾注意到我们的心鲜有非常安静的时刻？我们极少拥有一颗自由、没有任何问题的心；要么我们有许多问题，只是暂时把它们搁置一旁。你可曾拥有一颗未被紧紧塞满的心，不向外寻求什么，而是纯粹寂静、时时观察，不仅观察世界上发生的事情，也时刻观察自己内心世界里所有的态度和努力——只是观察？抑或你一直在寻找、追求、探问、分析、要求，想要成就，想要追随某人、某个理想或者别的什么，或者想要与别人建立良好的关系？为什么有这种无尽的挣扎、努力和追寻？你去印度寻找某种非凡的东西，你以为到了那里之后，追随某个告诉你如何跳舞、如何唱歌或者如何做别的什么事情的人，某种非凡的事情就会发生。那些人试图强迫你以某种方式冥想、接受权威、执行某些仪式、高兴的时候就大喊大叫等等。你为什么会这样？你一直在渴望什么？你在追寻什么？

一个人安静地待在家里，或者一个人去散步时，你能不能问一问为什么会有这种长久的渴望？我们探讨过恐惧、悲伤和快乐；我们也探讨

过智慧、爱和慈悲。我们指出过如果没有智慧就没有爱或慈悲，它们是并肩而行的。这里指的不是来自书本里的智慧、思想巧妙的构建，也不是非常聪明、非常狡猾的头脑的智慧；而是直接洞察什么是谬误和危险的智慧；一旦洞察到谬误和危险，就让它们立即消失。心灵的这种品质就是智慧。

或许我们可以一起探讨冥想的本质，看看生命中有没有什么东西——不是仅仅在物质行为和物质财产中，也不是在金钱、性、感官享受之中，而是超越这一切——是真正神圣的，并非为思想所拼凑。也许通过冥想，我们自己可以真正摆脱所有幻觉和欺骗，非常诚实地思考，发现是否存在某种神圣的东西。

大多数人都有各种各样的经验，不仅仅是感官体验，还有带来情绪上和感情上的各种活动的事件。人们拥有的这些体验都极其无意义，也许所有的经验都没什么意义。当你开始探究我们所追求、所渴望得到的是什么，就会发现，我们渴望的不就是某种肤浅的感官体验吗？欲望所寻求的东西，很明显必然是非常肤浅的。我们一起仔细考虑这个问题时，能否从肤浅的层面进入到更深、更广的探索中去？也就是弄清楚我们所有的渴望是否都只是肤浅、感官层面上的；抑或这种向往、追寻和渴望已远远超越了那一切？

你如何探索这个问题？通过分析吗？分析依然是同一种思想的运动，是往回看。思想通过分析研究自己和自身的经验；它的研究依然是有限的，因为思想本身是有限的，这一点很清楚。但那是我们唯一的工具，我们一直使用这个工具，虽然我们知道它是有限的，知道它无法解决问题，也没有深入探索的能力。但我想，我们从未意识到这个工具无论多么锋利、无论被多么广泛地使用，都无法解决问题。我们似乎无法把思想搁置一旁。

思想创造了技术世界，创造了世界上所有的分裂：不仅仅是民族分裂，还有宗教分裂、意识形态分裂，以及两个人之间各种形式的分裂——无论他们以为彼此多么相爱。那种以自己的方式活动的思想及其行为是有限的，是过去的产物，必然会带来分裂，进而带来局限。思想永远无法看到整体。思想的这些行为是不是很肤浅？抑或有着诸多局限的思想，能否进行更深入的探索？

观察是思想的工具吗？观察会牵扯到思想的运动吗？你也许观察了，然后通过那次观察进行构思和创造。从那次观察中产生的创造，是思想的运动。你看到一种色彩，对它进行的单纯观察，然后产生了喜欢和不喜欢、偏见等等，那是思想的运动。你能够观察却没有思想活动吗？那是否需要一种纪律？纪律，这个词的词根是学习。学习，不是遵从，不是模仿，不是让心灵在例行公事中变得迟钝。那么，你能够学习观察的行动，而思想不从那次观察中制造出意象，也不根据那些意象去行动吗？你可以仅仅去观察吗？也就是去观察、去学习，或者去觉察思想运动干预观察的方式。去了解它，去学习，这是真正的纪律。

在观察中，比如观察我们对某种东西的向往或者渴望，你能否不带动机、不带过去、不带欲望地看，思想的结论也不干涉实际的观察？学习的目的通常是积累知识，然后根据知识去行动，行动熟练还是不熟练——需视情况而定。抑或反过来，你行动然后学习，也就是从行动中积累知识。所以我们的行动总是以过去为基础，或者根据过去投射出未来，并根据那种投射去行动。

现在，我们所指出的事情，完全不同于积累知识然后行动；完全不同于你的行动是过去的结果或者对未来的投射，那些基于时间的行动——昨天遇到现在，也就是今天，调整一下自己然后继续前进。人的行动通常以此为基础，所以显然我们的行动总是不完整的。这样的行动中有遗憾，有一种挫败感，它从来都不完整。

我们现在所讲的事情与那样的行动截然不同：我们说的是一种过去和未来并不存在的观察。只是去观察——就像一名优秀的科学家透过显微镜所做的那样——单纯地观察实际上发生的事情。当你观察实际上发生的事情，你观察的那件事情就会发生变化。你能不能观察到其中那些向往、追求和渴望？你有没有那种热切的能量，仅仅用来观察而没有丝毫过去的运动？

观察你在生活中想要得到什么，你追求、渴望的是什么（你们大部分人都在追求着些什么，否则你们就不会来这里）。你阅读哲学、心理学或者所谓宗教书籍。宗教书籍中总是指出一点，说存在某种超凡的、更伟大、更深刻的东西。读过那些书，你也许会说："可能真的有，我要找到它。"然后你就被牧师、古鲁和最新的时尚等等困住了。你也许以为自己找到了某种令人满意的东西，并且说："我非常快乐，我不用再去追求更多的东西了。"但那也许只是一个幻觉——大多数人都喜欢活在幻觉里。而你所有的追求、所有的向往和渴望并没有带来一个美好的社会——一个构筑在和平之上、没有暴力的社会。

我们探索这一切的目的，是想造就一个美好的社会，人类可以幸福地生活在其中，那里没有恐惧，没有冲突，没有所有那些挣扎、斗争和残忍。社会是以人们的关系为基础建立起来的；如果我们的关系不正确、不精确、不真实，那么我们就会创造一个不健全的社会，而这正是世界上发生着的事情。

人类为什么分崩离析？你追求某种东西，另一个人则追求另一种截然不同的东西，这种自我中心的活动始终存在。我们所建造的社会正是以自我中心的野心、自我实现和自我中心的纪律为基础的——这种纪律说"我必须如何"，进而导致暴力。我们同时也探索心灵。当我们使用"心灵"这个词，它不是指你的心灵或者我的心灵，而是心灵。你的心灵就像其他千百万人的心灵一样——努力着、奋斗着、需求着、追随着、接受着、服从着、追逐着理想，隶属于某个宗教，遭受着悲伤、痛苦和焦虑；你的心灵如此，别人的心灵也类似。你也许没有看到这一点，因为你的虚荣、你的自负可能妨碍了你对这个事实的观察。人类在心理上都是相似的，全世界的人们都如此不快乐。他们也许会祈祷，但是祈祷并没有解决他们的问题；他们依然不快乐，依然挣扎，依然绝望，这是大家共同的心灵。所以，当我们探索时，我们探索的是人类，而不只是我和你——我们都是人类。

你能否观察有着各种分裂、恐怖、危险和政治罪行的外在世界，而不得出任何结论？如果我们观察外界发生的事情，同样也观察内心发生的事情，那么我们的行动就不再是你的行动和我的行动，因为我们一起观察到了同一件事情。

问问自己你追求的是什么，是金钱？是安全？是摆脱恐惧，于是你就能永远快乐？你追求的是摆脱悲伤的重负吗？不仅仅是你的负担，而是整个世界悲伤的重负。抑或你在追求某种永恒的东西，某种思想从未触及的、极其原始、绝对纯净的东西？作为人类的一员，就像世界上的其他人一样，去发现你自己追寻的、渴望的是什么。

你是在寻求某种新经验吗？因为你已经有了各种经验，你说："够了，那些我都做过了，而我现在想要些别的东西"——所以想要更多的东西，想要某种能够带来巨大快乐、非凡领悟、启迪和转变的经验？你要如何去发现？若要有所发现，你就必须摆脱所有幻觉。那意味着完全诚实，这样你的心才不会欺骗自己。若要不欺骗自己，你就必须了解欲望的整个本质。因为是欲望制造了幻觉——借助欲望，你想要有所成就，你希望得到更多。除非你理解了欲望的整个本质和结构，否则心灵不可避免地会制造幻觉。你的心，在理解了欲望的活动之后，能否懂得欲望活动的相对价值所在，进而能够自由地观察？那意味着你观察时，不带有任何形式的幻觉。你觉察到幻觉了吗？当心摆脱了幻觉，它就完全没有了丝毫虚伪，就能够彻底地清晰和诚实；此时你就可以开始探索，探索是否有一种永恒的存在、永恒的真理。这就是冥想开始的地方。

也许你曾经尝试过冥想——超验冥想、藏式冥想、印度式冥想、佛教式冥想、禅修式冥想——你的态度或认真或轻浮。据我所知，这些冥想的整个理念都是，思想必须得到控制，你必须进行修炼，你必须通过控制、通过不断地警觉，来压抑自己偏离"现状"之外的所有感受。然而，如果你想要弄清冥想是什么，而不是仅仅接受别人所说的话，那么显然需要某些前提。首先不能有权威，因为那样的话你就会依赖、奋斗、模仿和遵从。然后是你必须了解控制的本质，以及谁是控制者。从孩童时代起，我们就接受训练和教育，学习控制或者压抑；或者走到另一个极端，也就是如今发生的事情，为所欲为，做你自己的事！有没有一种生活方式，没有任何形式的控制？但那并不意味着你为所欲为，沉溺于悲观等等之中。有没有一种生活方式，其中没有一丝控制的阴影？若要发现这一点，你就需要探问：谁是控制者？

谁是那个说着"我必须控制我的情感"，或者"我必须允许我的感情流露出来"的控制者？有控制者和被控制的事物，所以存在一种分裂。谁是这个控制者？难道不还是思想的运动吗？思想说：

"我经历过这个，我想去做这件事"，这是过去；所以过去就是控制者。现在所发生的事情，需要由控制者，也就是过去来控制。

我并非为了自己的利益而演讲。尽管我已经讲了五十二年，但是我对演讲并不感兴趣。我很想知道你是否也能发现同样的事情，这样你自己的生活就能得到转变，变得截然不同，这样你就不会再有问题和错综复杂的困惑，不再有挣扎或渴望。这就是讲话者演讲的原因，而不是为了他自己的满足、他自己的享受或者他自己的成就感。

所以，控制者是思想的产物，而思想基于知识，也就是过去。思想说："我必须控制现在发生的事情"——即事实。比如说，事实是羡慕或者嫉妒——这是我们都知道的事情。思想说："我必须控制它，我必须分析它，我必须压制它，或者实现它。"所以思想制造出一种分裂，其中存在着欺骗，控制者不同于被控制之物，这个想法之中存在着欺骗。这两者都是思想制造出来的，所以控制者即受控者。如果你真正理解了这一点，然后再非常深入地探索这个问题，你就会发现控制者完全没有必要存在，只有观察是必需的。当你观察时，没有控制者也没有受控者，只有观察。例如，观察你的羡慕，不命名地观察它，不去否定它或者接受它，而只是看到产生的感受和反应，它曾经被称为羡慕，而现在你要不带这个词语地看着它。因为词语代表着过去。当你使用"羡慕"这个词时，就巩固了过去。

　　无需丝毫控制的生活是可能的。我这么说，不是作为一个理论，而是作为一个事实。讲话者说的是他做到的事情，而不是他编造出来的事情。这是一种没有丝毫控制感，进而没有冲突感和分裂感的生活。只有当纯粹的观察出现时，这样的生活才能到来。去这么做，你就会明白，去检验这个说法。当任何冲突都不存在时，头脑中会发生什么？冲突意味着运动；运动是时间——从这里到那里的时间，从物理上和心理上都是如此；从一个中心到另一个中心的运动；或者从一个圆周到另一个圆周的运动。这就是我们的生活中不停进行的运动。现在，如果你非常仔细地观察这种运动，头脑中会发生什么？

　　你已经懂得了思想的本质，它是怎样有限的知识，作为记忆储存在大脑中，那些记忆又化作了行动中的思想。你懂得了知识为何始终是愚昧无知的一部分，那么头脑中会发生什么？头脑，正如我们之前探讨的那样，并非只有清晰地、客观地、非个人化地思考的能力，而且它还有不从思想中而是从纯粹的观察中去行动的能力。若要观察此刻实际上发生的事情，你看的时候就不能带着过去的反应，不能让过去塑造此刻。从那纯粹的观察之中就会产生行动。这就是智慧，这也是被称为爱和慈悲的非凡事物。

　　所以，心灵拥有了智慧这项品质，伴随着那智慧自然到来的是慈悲和爱。爱不仅仅是感官感受，它与我们的需求和满足以及诸如此类的一切都毫不相干。所以，心灵现在具有了这种品质、这种稳定性，就像溪流中央、河水中央岿然不动的磐石一般。而那岿然不动者是安静的，请务必彻底清楚这一点。这种清晰就是稳定性，它可以探索任何问题。如果没有这种清晰，头脑就是混乱的、矛盾的、支离破碎的；它不稳定、神经质，总是在追寻、努力和挣扎。所以我们来到了这一点：此时头脑是完全清晰的，因而是彻底稳固的。这种稳固，并非像一座山脉那样不动，而是指彻底没有任何问题，因此它虽然岿然不动却又无限柔韧。

现在，这样的一颗心是安静的。而你需要有一颗纯粹寂静的心灵——绝对的，而不是相对的。当你在夜晚走进树林，此时有一种寂静，所有的鸟儿都悄无声息，微风和树叶的低语都止歇了，有一种外在的无限静谧。人们观察到这种静谧，然后说："我必须拥有这种静谧"，于是他们依赖这种独处、孤独的静谧，但那不是寂静。说着"我必须安静，我必须静止，我不可以喋喋不休"的思想所制造的安静，也不是那寂静，因为那是作用于噪声的思想的产物。我们所说的寂静，不依赖于任何事物。只有这种寂静的品质，这种心灵的纯粹寂静，才能看到那无时间、无名的永恒——这就是冥想。

摘自《会刊》1980 年第 39 期

悲伤的终结就是爱

印度，孟买，1985 年 2 月 10 日

今晚，我们的讨论将涵盖很多领域。昨天晚上我们谈到了悲伤和悲伤的终结。悲伤终结了，热情就会到来。我们很少有人真正理解或者深入探索悲伤这个问题。可能终结所有的悲伤吗？这是一个所有人都问过的问题，也许并不是很自觉地提出这个问题，但是他们的内心深处都想弄清楚——我们所有人都是如此——人类的不幸、痛苦和悲伤有没有一个终点？因为如果没有悲伤的终结，就没有爱。

悲伤是对神经系统的巨大打击，就像对整个身心的严重一击一样。而我们通常试图通过服药、饮酒和投身于各种形式的宗教逃避主义之中，来避开悲伤；我们要么变得愤世嫉俗，要么把它们当作不可避免的事情接受下来。

你能不能非常深入地、认真地来探索这个问题？有没有可能完全不逃避悲伤？也许我儿子死了，这的确是无尽的悲伤、巨大的打击，我发现自己真的是一个非常孤独的人了。我无法面对、无法忍受这个事实，所以我逃避它。有很多逃避的方式——宗教的、世俗的或者哲学的方式。

有没有可能不通过任何方式来逃避这痛苦、这孤独、这悲伤、这打击，而是彻底与事实、与这件被称为痛苦的事情共处？你有没有可能抱着一个问题，捧着它，不去解决它，而是看着它，就像怀抱一件工艺精湛极其精美的奇珍异宝那样？那件珍宝本身的美是如此引人注目、如此令人欢欣，以至于我们一直目不转睛地看着它。同样，如果你能够没有丝毫的思想活动或者逃避，怀抱着你的悲伤，那么不逃离事实这个行动本身就会让你从痛苦的肇因中彻底解放出来。

我们也希望来思考一下美是什么——不是某个人的美，或者博物馆中绘画和雕塑的美，也不是人类用石头、绘画或诗歌表达自己的情感，所做的最为古老的努力，而是问问我们自己美是什么。美或许就是真理，美或许就是爱。但是，如果不懂得"美"这个非凡无比的字眼所具有的深度和本质，我们也许永远都无法遇上那神圣者，所以我们必须深入探索美是什么这个问题。

当我们看到某些极其美丽的事物时，比如蓝天辉映下被积雪覆盖的群山，会有什么事情发生？在那一瞬间，那无比壮丽的山脉，它的广袤无限、映衬在蓝天下的轮廓，驱散了我们所有对自我的关注。在那一刻，没有一个"我"在看着它。那山脉的壮美一瞬间驱散了所有的自我中心。你肯定注意到了这一点。你注意过一个玩玩具的孩子吗？他一整天都很淘气——这很正常，当你给了他一个玩具，在接下来的一个小时里，直到他把它弄坏之前，他都非常非常安静；那个玩具消除了他的淘气，完全占据了他的心。同样，当我们看到美丽非凡的事物，那美本身深深吸引着我们。也就是说，当没有自我的努力、没有自私自利时，就会有美。你明白这一点吗？如果不被美丽非凡的事物所吸引、所震撼，例如群山或者浓浓阴影下的山谷，内心不被群山所吸引，那么有没有可能懂得美，不带有自我地了解美？因为只要有自我，就没有美；只要有自私自利，就没有爱；而爱和美是并肩而行的——它们不是分开的。

我们也应该一起来谈谈死亡是什么，这是我们所有人都必须面对的一件事情。无论我们富有或贫穷，无知或学富五车，年轻或年老，死亡是每个人都必定要经历的；我们都将死去。但我们从未理解死亡的本质；我们总是害怕死亡，不是吗？若要理解死亡，我们就必须探索一下生命是什么。我们是不是在以各种方式、以各种专门化的职业浪费着我们的生命，耗费着我们的能量？你也许很富有，你也许拥有各种才华，你也许是个专家、是个伟大的科学家或者商人，你也许拥有权力和地位，但是到了生命的尽头，那一切不都是毫无意义的吗？所有的艰辛、所有的悲伤、所有深重的焦虑和不安全感，人类所收集的所有幻象——他的神明、所有的圣人等等——那一切不都毫无意义吗？请注意，这是一个很严肃的问题，你必须问问自己，别人无法回答这个问题。

我们将生死分离开来。死亡在生命的尽头，我们尽可能把它推得远远的——在一段很长的时间间隔之后；但是，在长长旅程的尽头，我们不得不死去。而我们称之为生的又是什么——赚钱、朝九晚五地上班？拥有无尽的冲突、恐惧、焦虑、孤寂、绝望和沮丧？这整个生存方式，我们称之为生活、生命。人类艰苦卓绝的努力、无尽的冲突、欺骗和腐败——就是生活吗？这就是我们所说的生活；我们很清楚，我们对它很熟悉，它就是我们的日常生活。而死亡意味着这一切的结束，我们所思考、所积累、所享受的一切的结束。但我们依恋这一切，我们依恋我们的家庭、金钱、知识，依恋我们赖以为生的信念和理想，我们依恋这一切，而死亡说："都结束了，老兄。"

我们害怕死亡，害怕放开我们已知的一切，我们所经历、所积攒的一切——我们拥有的精美家具和收藏的美丽画作。死亡过来说："这些你一个都不能带走。"于是我们紧紧抓住已知不放，害怕未知。我们可以发明出转世的概念，但从未探究过来世再生的是什么。

现在的问题是：头脑为什么将生与死分开？为什么会有这种分裂？是不是有依恋的时候就会存在这种分裂？你能否与死亡一起生活在这个现代世界上——不是自杀，我们说的不是那个——而是在活着的时候就终结所有依恋，那就是死亡。我依恋我住在其中的房子，我买了它，花了一大笔钱，我依恋所有的家具、画作、家人以及关于这一切的所有回忆。然后死亡来临，把这一切一扫而光。所以，你能否与死亡一起来过每天的生活，每天都终结一切、终结你所有的依恋？因为那就是死亡的含义。我们把生死分开，所以我们永远都心存恐惧。但是，当你把生与死合为一体——生命和死亡——那么你就会发现头脑有一种状态，在其中作为记忆的所有知识都结束了。

你需要知识来写信、说英语、保持账户收支平衡、来这里以及回家等等。头脑能不能在需要的时候才使用知识，同时又能摆脱知识的所有局限？我们的大脑一直在记录着，记录着现在说的这些话。这样的记录会变成记忆，那记忆、那记录在某些领域、在物质行为领域是必要的。所以，头脑能不能在需要的时候才使用知识，同时又能摆脱陈旧知识的局限？大脑能否自由，于是它能够在截然不同的维度里运作？也就是说，每天上床睡觉的时候，抹掉你所收集的一切，在每天结束的时候死去。

你听到这样一句话：生就是死，它们根本不是两件分开的事情。你听到了这句话，不仅仅是用耳朵听到，而且你认真地听了，听到了其中的真理、其中的真相。顷刻间你就清晰地看到这一点。所以，我们每一个人能不能在每天结束的时候，让不必要的一切都死去，让每一次伤害的记忆、我们的信仰、我们的恐惧、我们的悲伤都死去；每天都将那一切结束？然后你就会发现你正时刻与死亡共处，死亡就是终结。

你依恋如此之多的事物——你的古鲁、积累的知识、金钱、生活中的信仰和理想，还有对自己儿子和女儿的回忆等等。那记忆就是你，你的整个大脑都装满了回忆，而你依恋这整个意识。这是一个事实。然后死亡来临，说："你的依恋到此结束。"于是我们吓坏了，害怕被彻底剥夺那一切，害怕死亡切断我们所拥有的一切。你可以编造说："我在下一世再继续"，但继续的是什么呢？你明白我的问题吗？那个想要继续的愿望意味着什么？除了思想拼凑出来的那一切之外，究竟还有什么可继续的吗？

思想是有限的，因而会带来冲突；我们探讨过这些了。而自己、自我、个性是一堆或古老或现代的复杂记忆。我们依赖记忆为生。我们依靠或习得或继承的知识为生，那知识就是我们。自我是过去的经验、思想等等之类的知识，自我就是那些。自我也许会在我们身上捏造出某种神圣的东西，但那依然是思想的活动。而思想总是有限的，这一点你自己就能看到，不需要去研究书本或者哲学；你自己就能清楚地看到你是一堆记忆。而死亡会结束所有那些记忆，所以你很害怕。于是，有人问人类能否与死亡相伴活在这个现代世界里？

接下来我们应该一起来探讨爱是什么。爱是感官感受吗？爱是快乐吗？爱是思想的产物吗？你爱自己的妻子、丈夫或者孩子们吗？爱是嫉妒吗？不要说不是。爱是恐惧、焦虑、痛苦以及诸如此类的一切吗？爱是什么？若没有那品质、那芬芳、那火焰，你也许非常富有，你也许拥有权力、地位和重要感，但如果没有爱，你就只不过是一具空壳。所以我们应该来探讨爱这个问题。如果你爱你的孩子们，还会有战争吗？如果你爱你的孩子们，你会允许他们去杀人吗？当有野心存在时，爱还能存在吗？请面对这一切。

爱和快乐、和感官感受毫不相干。爱并非由思想所拼凑，因此它不在大脑结构的范围之内。它是完完全全在头脑之外的东西，因为头脑及其本质和结构是感官感受的工具，是神经反应等等的工具。当只有感官感受时，爱就无法存在。记忆不是爱。

我们也应该一起来谈谈什么是宗教生活、什么是宗教。这同样是一个非常复杂的问题。人类一直追求某种超越物质生活的东西，超越日常生活中的痛苦、悲伤或快乐的东西。人类先是从云层中寻找某种超越之物——雷声是神的声音。然后他们膜拜树木、石头。在远离这个丑陋、野蛮的城镇的地方，村民们至今依然在膜拜石头、树木和小小的神像。人类想要发现有没有什么神圣的事物，于是神父就出现了，他说"我来指给你看"，这与古鲁的所作所为如出一辙。西方的神父有他的仪式、重复的活动和别致的服饰，膜拜他特定的神像。而你，也有自己的神像。或者这些你都不相信，你说你是个无神论者。但是你和讲话者想要发现某种超越时间、超越所有思想的东西。所以我们一起来探索，运用我们的大脑、我们的理智、我们的逻辑来弄清楚什么是宗教、什么是宗教生活，以及在这个现代世界上是不是有可能过一种宗教生活。

所以，让我们自己来发现什么是真正的宗教生活。只有当我们懂得了宗教实际上意味着什么，并把那一切都抛开——不属于任何宗教、任何组织、任何古鲁、任何所谓的精神权威，才能发现什么是真正的宗教生活。实际上并不存在任何精神权威，那是我们犯下的罪行之一——我们发明了真理与我们自己之间的中介。

当你开始探究什么是宗教，你就是在过着一种宗教生活，而不是在探究结束时。就在看、观察、讨论、怀疑和质问的过程之中，没有任何信念或信仰，你就已经在过宗教生活了。你现在就要这么做。

当涉及宗教问题时，你似乎就失去了所有的理智、所有的逻辑和清醒。所以我们需要保持逻辑和理性，怀疑和质问人类制造出来的一切——神明、救世主、古鲁等权威。那不是宗教，那只不过是被少数人僭越的权威。是你给了他们权威，所以把那一切都彻底抛在一边吧。

你有没有注意到，当社会上、政治上或者人类的关系中存在混乱时，就会出现一个独裁者、一个统治者? 而当你自己的生活中存在混乱时，你就会制造一个权威，你对那个权威负有责任，而人们都太乐于接受权威了。当存在恐惧时，人不可避免地会去寻找能够保护他、让他有安全感的东西。而从那恐惧之中我们发明了各种神祇。从那恐惧之中，我们发明了以宗教之名上演的所有仪式、所有闹剧。这个国家中所有的寺庙、所有的教堂都由思想所造。你也许会说那里面有直接的启示。请质疑那个启示吧。而你却接受了那个启示，但是如果你运用逻辑、理性和清醒的神智，你就会发现你收集的各种启示都是迷信，那都不是宗教。事实显然如此。你能不能把那一切都弃置一旁，来发现宗教的本质是什么，拥有宗教生活品质的心灵和头脑是什么? 作为人类恐惧的一员，你能否不去创造、不去制造幻觉，而是直面恐惧? 当你与它共处，不逃避它，为之付出你全部的注意力时，恐惧就可以从心理上彻底消失。那就像照在恐惧上的一道光、一束耀眼的强光一样，然后恐惧就彻底消失了。如果没有恐惧，就不会有神明，不会有仪式；那一切都变得毫无意义。思想所发明的事物不具有宗教性，因为思想只不过是一个基于经验、知识和记忆的物质过程。思想发明了组织化宗教的所有繁文缛节和整个架构，使得那些宗教完全失去了意义。你能不能自发地把那一切都摒弃，而不指望最终能获得某种奖赏？你会这么做吗？如果你这么做，那么就不会有人问宗教是什么。

存在某种超越所有时间和思想的东西吗？你可以问这个问题，但是，如果思想发明了某种超越的东西，这个发明就依然是一个物质过程。思想是一个物质过程，因为它维系着脑细胞里的知识。讲话者不是一个科学家，但是你可以从自己身上观察这一点；你可以观察你大脑中的活动，那是思想的活动。所以，如果你能够自发地、轻松地、没有任何抗拒地把那一切都抛开，那么你就难免会问：存在某种超越所有时间和空间的东西吗？存在某种任何人都从未见过的东西吗？有没有某种无限神圣的东西？有没有头脑从未触及的某种东西？因此我们将会把这些问题弄清楚——只要你走出了第一步，并且扫除了被称为宗教的所有这些东西——因为你运用了你的大脑、你的逻辑，你做出了怀疑和探问。

那么，作为宗教一部分的冥想是什么？冥想是什么？是逃离这个世界的喧嚣，拥有一颗安宁的心、寂静的心、平和的心吗？为此你练习某个体系、某个方法、某个模式，企图觉察一切，让你的思想处于掌控之下。你盘腿坐着，并反复诵念某些真言。你重复、重复、重复，带着你自私自利的方式、你自我中心的方式，那咒语也失去了它的意义。

那么冥想是什么？冥想是有意识的努力吗？你有意识地冥想、练习，以期达到什么——得到一颗安静的心、安静的头脑，得到对大脑的某种刺激感。冥想者和那个说着"我想要金钱，所以我将为之努力"的人，有什么不同呢？这两种人之间有什么不同吗？他们都在追求某种成就。一个叫作精神成就，另一个叫作世俗成就——它们都属于成就之列。在讲话者看来，那根本不是冥想，任何有意识地、故意的、主动的欲望以及运用了意志的都不是冥想。

所以，你得问问是不是存在并非思想造就的冥想。有没有你无法意识到的冥想？你明白这一切吗？任何故意的冥想过程都不是冥想。这显而易见。你可以终生都盘腿坐着、呼吸以及搞一些诸如此类的把戏，而你依然不会丝毫靠近那个境界，因为这都是些主观故意的行为——为的是实现某个结果——这里有原因和结果——的主观故意的行为。但是结果会变成原因，所以你就困在那个循环里。有没有一种冥想不是欲望、意志和努力拼凑出来的？讲话者说有。你不需要相信这一点；相反，你必须质疑、怀疑这一点，把它撕开来看。有没有一种冥想不是构想出来的、组织出来的？若要深入这个问题，你就必须了解头脑是受到制约的，头脑是局限的，那个头脑试图理解无限、永恒和不可衡量之物，如果有永恒这回事的话。为此，重要的是了解声音，因为声音和寂静并肩而行。

我们把声音跟寂静分开了。声音就是这个世界，声音是你的心跳，整个宇宙充满了声音，整个天际、无数星辰、整片天空都充满了声音。我们把那些声音变成了无法忍受的事情。但是，当你倾听那些声音，这倾听本身就是寂静，寂静和声音并不是分开的。所以冥想并非是构想出来或者组织出来的，冥想就在那里。一开始，它就必须摆脱你所有的心理伤害，摆脱你累积的所有恐惧、焦虑、孤独、绝望和悲伤。这是基础，是第一步，而第一步也是最后一步。如果你迈出了第一步，那就结束了。

但是我们不愿意走出第一步，因为我们不想要自由，我们想要依赖——依赖权力、依赖别人、依赖环境、依赖我们的经验和知识。我们从不摆脱所有的依赖、所有的恐惧。

悲伤的终结就是爱。哪里有爱，哪里就有慈悲。而那慈悲有它自身完整的智慧。当那智慧行动时，其行动总是正确的。有智慧的地方，就没有冲突。这一切你都听说过：你听过恐惧的终结、悲伤的终结，你听过美和爱。但听是一回事，而行动是另一回事。你听到了真实的、逻辑的、理性的、合理的这一切，但是你没有据此去行动。你回到家里，又开始了你的忧虑、你的冲突和你的痛苦。所以我问：这一切的意义何在？你听这个讲话者的演讲却不那样生活，那又有什么意义呢？只听不做是浪费你的生命；如果你听到某件正确的事情却不去行动，你就是在浪费生命。而生命太宝贵了——这是我们唯一拥有的东西。而我们也失去了与大自然的联系，那意味着我们失去了与自己的联系，我们也是大自然的一部分。我们不爱树木，不爱鸟儿、江河和山脉，我们正在破坏这个地球，我们正在互相摧毁。这一切都是如此可怕的生命浪费。

当你意识到这一切，不是仅仅从智力上或者语言上认识到，那么你就会过一种宗教生活。缠上一块腰布，去乞讨或者到寺院中去修行，不是宗教生活。宗教生活从没有冲突开始，从拥有一种爱的感觉开始，那爱并非只局限地给予某个人。所以，如果你为之付出你的内心、你的头脑、你的心灵，就会有某种超越所有时间的东西，就会有那种至福——它不在寺庙里、不在教堂里、不在清真寺里。那至福就在你的栖身之处。

摘自《会刊》1989 年第 54 期

美、悲伤与爱

加利福尼亚，欧亥，1985 年 5 月 18 日

　　全世界的人类所追寻的那种超越他们烦恼、乏味和孤寂的日常生活的东西是什么？不仅仅对于个人而言，而且对于整个人类来说，那远远超越的东西什么？那未被思想所沾染、没有名字，那或许永恒、持久而不朽的东西是什么？我们将会一起探讨这些，以及冥想和瑜伽的问题。每个人似乎都对瑜伽很感兴趣——他们想要保持年轻和美丽。

　　就像其他所有的事情一样，瑜伽现在变成了一件商业上的事情。瑜伽老师遍及世界各个角落。他们正像往常一样大发其财。而瑜伽曾经一度——对此了解甚多的一些人曾经告诉我——只传授给非常非常少的几个人。瑜伽不仅仅意味着让你的身体保持健康、正常、有活力和智慧。它还意味着——"瑜伽"这个词在梵文中的意思是"连接在一起"——将高与低连接在一起，这是传统。有各种形式的瑜伽，最高的形式叫作"王瑜伽"——瑜伽之王。那种生活方式不仅仅涉及身体上的健康，而且更重要的是与心灵息息相关。它并没有什么戒律、体系，也没什么需要日复一日重复的东西，它要的是一颗有序的心，始终活力无限，却从

不喋喋不休。那是一种井然有序的、正常的、道德的、有纪律的生活，却不以誓言为基础。因此，尽管身体保持健康，但那并不是最重要的事情。最重要的事情是拥有清晰而活跃的一颗头脑、一颗心、一种健康状态；活跃不是指身体上的运动，而是头脑本身活跃、有活力、充满生命力。但是现在的瑜伽已然变得相当肤浅和平庸，成了牟利的来源。

最高形式的瑜伽不是随意传授给别人的，它是你也许每天都做的事情，对你的身体有着完全的觉知。你关注自己的身体，因而它所做的任何动作、任何姿势无一不在观察之下。身体没有任何不必要的动作，但又不是处于控制之下的。也许你认为瑜伽是一件你需要日复一日练习的事情，来强健你的肌肉，拥有一个肌肉发达的身体。但根本不是那么回事，它是你每天的生活方式，是一种整日都在警觉观察、清晰觉知的生活。

那天我们谈到了我们与自然、与这个世界上所有的美的关系，与群山、树林、丘陵以及它们的投影，以及与湖泊、河流的关系。我们谈到了思想制造的意象挡在你与群山、田野和花朵之间，就像你为自己的妻子或者丈夫等等建立的意象那样，那意象妨碍了完整的关系。

现在你与讲话者之间有一种关系。了解这种关系很重要。讲话者并没有说服你接受任何观点，也没有为了让你倾听、接受或者拒绝而施加任何压力。他没有权威。他不是一个古鲁。他憎恶生理上或者精神上的领袖观念。他非常厌恶这一点——他真的是这个意思。这不是可以轻率看待的事情。

我们进行的这些谈话是双方共同展开的，并非单方面的谈话。这个世界充满了欺凌，宗教欺凌，报纸、政客、古鲁和牧师以及家庭中的欺凌。这些欺凌让我们感觉内疚；它们首先出击，于是你不得不防卫。这就是我们的关系中上演的游戏，它带来了一种负罪感。

我们探讨过恐惧，人类进化了数千年之后，为什么还要背着这种叫作恐惧的可怕负担生活。恐惧是一种感受，它表现为各种形式，嗑药、饮酒等等带来的感受，性行为产生的感受，成就某事、爬上阶梯带来的感受，无论是世俗的阶梯还是所谓的精神阶梯。我们有很多很多恐惧，它们不仅仅破坏了人类的能力，还扭曲了大脑，扭曲、残害或者限制了我们的生理和心理活动。我们探讨过这些——恐惧的根源是时间和思想。

你可以很随意地或者很认真地听我讲这些，就像你们倾听彼此的对话一样。但是词语并非它们所指的事物。恐惧并非这个词；但词语也许能制造恐惧。词语是画面，是概念，但恐惧的事实大不相同。所以你需要清楚词语是否会带来或者滋生恐惧。而战胜那恐惧意味着战胜那个词，而不是战胜那个事实。

我还说过最重要的是你如何面对事实：不是事实本身，而是你如何面对它、如何接近它。如果你带着结论面对恐惧，带着如何克服它、如何压抑它、如何超越它的观念，如果你向别人求助以期克服它，那么恐惧将会以这种或那种形式继续下去。人类出于恐惧做下了无数可怕的事情。出于无法拥有安全的恐惧，致使我们杀害了数以百万的人类。上一场战争和以前的战争表明了这一点。只要有恐惧，就会有神明，以及从幻觉中得到的各种慰藉。但是，当人类有了心理上的安全感，进而拥有了生理上的安全感，人类就能够摆脱恐惧。但并不是先有身体安全，然后再有心理安全。但是，如果你开始了解自己和所有人类的整个心理结构，那么你就能够开始理解恐惧的本质，于是它就可能被终结。

因为这是一个如此美丽的清晨，所以我们应该一起来探讨一下美。

美是什么？如果我可以满怀敬意地提出这个问题的话，你将会怎样回答呢：美是什么？它在群山的身影中、在斑驳的树影中吗？它是月光下一泓宁静的水面或者晴朗夜空中的群星吗？抑或是一张姣好的脸庞，有着匀称的比例和内在的美？又或者它栖身于博物馆的画作和雕塑之中？卢浮宫里有一尊美妙绝伦的雕塑——"萨莫色雷斯的胜利女神"，那是美吗？或者一个精心装扮的漂亮女人，那是美吗？

你应该问问自己这个问题，因为我们一直在寻找这样东西。那就是为什么博物馆变得如此重要的原因。是不是因为我们自身是如此丑陋、如此支离破碎，以至于我们从未完整地看到任何事物？

我们从未以一种健全的方式生活，所以我们以为美在外面，在图画中、在济慈动人的诗篇中，或者精彩的文学作品中。

那么美是什么？美是爱吗？美是快乐吗？美是带给你热情和感官享受的东西吗？当你看着远处的那些丘陵和蓝天，天空映衬下群山的轮廓和投影，烈日下的小草和浓荫的树木，或者看着常年积雪的高高山峰，上面是从未被污染的清澈天空，当你看到这些，当你看着它们，不立刻将它们语言化，那么会有什么事情发生？那山脉壮丽、无限坚固，在你看到它的那一刻，难道没有驱散你所有的琐碎、你所有的焦虑和问题以及生活中的所有艰辛吗？在那一瞬间你变得安然寂静。

就像一个有点淘气的小孩子叫喊着四处跑闹了一整天，当你给他一件精美而复杂的玩具，他会怎么样呢？他的全部精力都集中在那件玩具上，不再淘气了。那个玩具吸引了他，玩具变成了无比重要的东西。那个孩子爱它、抱着它不放，那玩具就像你经常见到的那些已经非常破旧的泰迪熊一样。而那山脉在那一瞬间吸引了你，让你忘记了自己。如果你看到一尊精美绝伦的雕塑——不仅仅是那些古希腊的雕塑，还有古埃及的雕塑，它们有着不同寻常的坚实感，内涵丰富、岿然不动、庄严十足——在那一刻，它的庄严和无限驱散了我们的卑微琐碎。同样，我们成年人也被玩具所吸引，也许那所谓的玩具是我们的生意、我们的政治伎俩等等。这些事情吸引着我们，如果它们被拿走，我们就会很沮丧，我们会试图逃避，逃离我们真实的样子。

所以，是不是当"你"不在时，美就发生了？"你"指的是你和你所有的问题，包括你的不安全感和焦虑，担心你被爱还是不被爱。当"你"与心理上的所有这些复杂情结都不在时，那种状态就是美。当"你"不在，就会有既不是快乐也不是享受的美。

对我们来说，快乐是无比重要的事情；观赏落日会快乐，看到你喜欢的人过得开心时也会快乐。所以我们应该一起来探讨一下关于快乐的所有概念，因为老实说快乐是我们想要的东西。而那正是我们的困难所在，因为我们对自己从来不曾真正地诚实。我们认为对自己诚实可能会带来麻烦，不仅仅为自己还会给别人带来麻烦。

快乐是什么？是拥有一辆漂亮的汽车，或者拥有精美而古老的家具，给它抛光、看着它、鉴赏它吗？于是你将自己与那件家具视为一体，然后你就变成了那件家具，因为无论你将自己与什么相认同，你就变成了它。它也许是一个形象，也许是一件家具，也或许是某个想法、某个结论、某种意识形态，而认同是一件很简便的事情，容易让人感到满足：它不会带来太多的不适，还会带来很多快乐。而快乐与恐惧并肩而行。我不知道你是否观察到了这一点。

它是硬币的另一面，是你不想正视的另一面，你对自己说快乐是最重要的事情，即便通过药物也在所不惜，而全世界越来越多的人正在吸食毒品。还有占有某个女人或某个男人的快乐，拥有凌驾于某人、凌驾于妻子或丈夫之上的权力产生的快乐也被看作是最重要的事。我们喜欢权力，我们赞美权力，我们崇拜权力，无论是宗教层级中的精神权力、政客的权力还是金钱的力量。对讲话者而言，权力是邪恶的。有些人想通过知识、通过觉悟获得力量（有觉悟这回事，但不是他们所说的那种能够带来力量的愚蠢的无稽之谈）。教育、电视和环境都将我们变得平庸。我们读了太多别人说过的话。而成功是彻头彻尾的平庸。

因为我们自己缺乏权力、身份和地位，于是我们就把它们拱手让与别人，然后再膜拜它们、赞美它们。我们这样生活了数千年，追求权力、安全、金钱，以为它们能够带来自由，但那根本不是自由。在那种自由中，你可以选择你想要什么或者你喜欢什么，可那是自由吗？你是否曾经深入探索真正的自由意味着什么这个问题？而非天堂中的自由？（你记得那个笑话吧——我可以重复一下吗？两个人在天堂里，身上有翅膀，头上有光环。一个人对另一人说："虽然我死了，为什么我感觉如此糟糕呢？"）所以各种形式的快乐是我们生活的一部分，它们变得越来越感官化，越来越廉价、粗俗和平庸。所以我们继续着我们的快乐，而尾随它们而来的是恐惧。

"感受"这个词的含义是"感官的活动"。感官的活动始终是局部的、有限的，除非所有的感官都完全清醒。你想要的越来越多，因为以往的感受总是不够。有没有一种所有感官都一起运作的整体活动？我们的感觉是有限的，你嗑药或者做诸如此类的事情，以获得更强烈的感受。但它们依然是有限的，而你还想要更多。如果你想要更多，那是因为你的感受是局部的。所以我在问：有没有一种所有感官的整体觉知——这样便永远不会想要更多？而当存在所有感官的这种整体觉知时——不是"你"觉察到——而是这些感官本身的觉知，那么此时就没有一个中心觉察到这种完整性。当你看那些山脉时，你能不能不仅仅用你的眼睛看——视觉神经在运作——而且用你所有的感官、你所有的能量、你所有的注意力去看？此时就根本没有"我"。当没有了"我"，就不会想要更多，也不会想要实现更伟大的东西。

我们谈到的所有这些问题，都是互相关联的。大多数人都有负罪感和心理伤害，这些心理伤害会产生某些后果。后果便是人自己培养起来的虚荣的聪明才智和为自己建立起来的形象，受到了伤害——不是别的。关系、恐惧和快乐，它们都是互相关联的；它们不是可以一点点或者分开解决的事情，不能说："这是我的问题"，或者"如果我能解决那个问题，那我就不介意其他的问题了"。但是其他的问题依然留在那里。所以你能不能看到这个运动的整体，而不是一次只看到一个局部的运动？

悲伤是一个巨大的问题。自时间伊始，悲伤就深藏在男人和女人心中——悲伤从未终结。如果你周游世界，特别是亚洲或者非洲，你会看到惊人的贫穷——真是惊人！你流下眼泪，做一些社会改革工作，或者提供衣食，但悲伤依然存在。还有你为失去某人而产生的悲伤。你把他的照片放在壁炉上或者挂在墙上，你看着它，它唤起了与之有关的所有回忆，于是你流下眼泪。那个人通过那张照片，在忠诚的感情中得到了某种维系、滋养和延续。但那张照片不是那个人，那些回忆也不是，但我们紧紧抓住那些回忆不放，这给我们带来了更多的悲伤。还有那些生活中几乎一无所有的人们的悲伤，他们没有钱，只有几根破木棍作为家具。他们生活在愚昧之中，不是对某种更伟大的东西无知，而是对他们的日常生活、对他们内心一无所有的完全无知；富人们的内心也一无所有，他们的银行账户里有钱，但是他们的内心一无所有。还有全人类的深重悲伤，也就是战争。数百万人被杀害；你在欧洲见到过数以千计的十字架，整齐地排列成行。各个地区、各个民族、各个国家中有多少女人、男人和孩子们曾经为之哭泣。纵贯整个历史，每年都有数场战争发生——部落战争、民族战争、意识形态战争、宗教战争。中世纪的时候，所谓的异端们备受折磨。自人类出现以来，悲伤就以各种不同的形式存续着。有因贫穷而产生的悲伤，还有因为不能实现愿望而产生的贫乏、成就的缺乏，因为始终有更多的目标需要去实现，这一切都带来了无尽的悲伤——这不仅仅是个人的悲伤，也是全人类的悲伤。我们从报刊上读到极权主义国家发生的事情，却从未掉下一滴眼泪。我们对那些完全无动于衷，因为我们是如此沉浸于我们自己的悲伤、自己的孤独和自己的不满足之中。所以我们问自己，悲伤可有终点？我们个人的悲伤，连同它所有错综复杂的一切，能否终结？如果我们真正认真地关心、投入这个问题，那么悲伤究竟能否终结？如果有终结之时，那会是什么——因为我们总是想得到某种奖赏：如果我结束了这个，我们就必须拥有那个。我们从来没有为了任何事情本身把它结束。

悲伤与爱有什么关系？你知道悲伤是什么——巨大的痛苦、不幸、孤独、隔绝感。你对悲伤的感受与别人截然不同，对它的这种感受本身就隔绝了你。我们知道，不仅仅从语言上，而且从我们的内心深处感受到悲伤意味着什么。而悲伤与爱有着怎样的关系？爱是什么？你可曾问过自己这个问题吗？是性欲感受，是阅读一首动人的小诗，是观赏这些奇异的古树吗？爱是快乐吗？请务必——我们必须对自己非常诚实，否则这没什么好玩的。（幽默是必要的：要能够大笑，不是你一个人，而是大家一起的时候，能够为一个好笑话而开怀大笑。）我们问自己，爱是什么？爱是欲望吗？爱是思想吗？爱是某样你紧紧抱守并占有的东西吗？爱是当你膜拜雕塑、神像、符号时你所拥有的感受吗？那是爱吗？符号、雕塑或者画像，是思想的产物。你的祈祷是思想拼凑出来的。那是爱吗？当然，恐惧显然不是爱。你可曾观察过仇恨？如果你心怀憎恨，你就驱散了恐惧。如果你真的非常恨一个人，就不会恐惧。通过彻底否定自己身上不是爱的东西，把不是爱的那一切都弃置一旁，然后爱的芬芳就会到来。一旦你彻底抛开那些不是爱的东西，那芬芳就永远不会离你而去。此时的爱，与慈悲并肩而来，拥有它自身的智慧，而那智慧并非科学头脑的智慧。当你拥有了那爱、那慈悲，就不会有遗憾、痛苦和悲伤。当你否定了不是爱的一切，爱就会到来。如果有爱，你就永远不会去杀害别人——永远不会！你永远不会为了口腹之欲去屠杀动物。（当然，继续吃肉吧，我并不是不让你们吃肉。）这是你需要遭遇的一件伟大的事情，任何人都无法把它带给别人，没有什么能够把它带给你。但是，如果你把你生命中不是爱的一切、思想所造就的一切都抛在一旁，那么你就能够真正地新生，你所有的问题都将不复存在，此时另一种东西就会到来。这是最积极的事情、最实际的事情。生活中最不实际的事情是制造武器、杀害别人，不是吗？而你们的税金就被花费在这些事情上。我不是一个政客，所以不要听我说的这些话。但是看看我们在做什么，而我们的所作所为就建造了我们的社会。社会并非不同于我们，是我们建立了它。爱与任何组织或者任何人都毫不相干，就像来自海洋的一阵清凉微风，你可以把它拒之门外，也可以与它生活在一起。当你与之共处，那会是截然不同的一番情景。没有道路通向它，没有道路通往真理——什么道路都没有。你得与它生活在一起。只有当你懂得了自身的整个心理结构和本质，你才能遇上它。

　　明天我们应该谈一谈死亡。这不是一个不祥的话题，不是某件需要避开的事情。如果你按我们所说的那种方式生活，你就会优美地、轻柔地、静静地遇上这一切，而不是出于好奇。你会带着巨大的庄严，带着内心的敬重，踌躇地接近它。那是一件奇妙无比的事情，就像生命诞生一样。死亡也意味着创造——而不是发明。科学家们在发明；他们的发明诞生于知识。创造是持续的，它无始亦无终，它并非诞生于知识。而死亡也许就是创造的含义——而不是什么下辈子有更好的机会、更好的房子或者更好的冰箱。死亡也许正是一种巨大的创造，这种创造无穷无尽、无始无终。

摘自《会刊》1986 年第 51 期

译后记

最初，在阅读克里希那穆提（以下简称"克"）的作品时深受触动，于是迸发出巨大的热情，从 2009 年开始自发地翻译他的作品，至今已有十余部翻译（包括译审）作品陆续出版。

在这十几年中，无论是阅读克的著作、观看他讲话或讨论的视频，还是翻译他的作品，一次次相遇无一例外地触及内心深处，被其中所揭示的巨大事实深深震撼，看着作为局限桎梏的价值观，诸如名、利、成功、自我实现乃至个人魅力之类，在眼前轰然崩塌，碎片一地，再也捡不回来。因为看到那些事实，就颠覆了你之前关于这个世界的所有认识，所有知识。之后是内心的平静和生活中源源不断的喜悦，活得清明、自在，内心里不再有挣扎和冲突。

在我看来，克是一个坦诚无染的人，你在听他的讲话、读他的文字时，能够直接感受到那种毫无渲染或任何煽动意味的平实之极的热忱和赤诚。然而，克这个人并不重要，重要的是他在讲述什么。克毕生讲述的不是理论，不是思想，也不属于任何哲学体系或既定的宗教范畴。他所说的都是事实，关于人类内心和精神世界的事实。克毕生致力于的正是不加粉饰地、毫不留情地指出人类心理世界的事实，来唤醒人类的智慧，实现真正的世界大同，接上那无条件、无局限的善、美与爱，虽然从主观上没有任何目的和动机可言，因为智慧的行为已经超越了因果，远非思想所能臆测和揣度。而看清这些事实，这"看到"，本身就是智慧，就终结了所有混乱冲突的现实，寂静、美和爱不期而遇。

一部译著特别是克氏作品的译著的优劣，最主要的因素取决于译者是不是准确地理解了克所说的话，并用中文如实地表达出来，其间不添加译者对于原文的任何带有个人色彩的额外诠释，也不会为了文字上的优美而对原文的意思进行润饰性的修改，特别是不用任何宗教类的名词或说法来表述克的话。"忠实原文"是克氏译著的第一要义。在这一点上，本书力求最大限度地忠实原著，尽可能传达克那种简单、直接、流畅、优雅的语言风格。

去读读吧，看看书中说的是不是事实。这句话说起来很简单，但是要读懂那些话，一丝自保的心都不能有。你必须以一颗同样赤纯的心去迎接那些表达，才可能真正看懂里边在讲什么。

如果可以，那么，也许某个安静的午后，当你展开这本书卷，展开你的心扉，在静静聆听之时，也能听到自己心灵深处花开的声音……

Sue

修订于 2020 年 8 月 5 日